农民培训精品教材

名优水产健康养殖与病害防治新技术

高光明 汪 政 胡荣娟 主编

中国农业科学技术出版社

图书在版编目（CIP）数据

名优水产健康养殖与病害防治新技术/高光明，汪政，胡荣娟主编.—北京：中国农业科学技术出版社，2020.6（2021.11重印）
ISBN 978-7-5116-4779-5

Ⅰ.①名… Ⅱ.①高…②汪…③胡… Ⅲ.①水产养殖-病害-防治 Ⅳ.①S94

中国版本图书馆 CIP 数据核字（2020）第 092654 号

责任编辑 白姗姗
责任校对 李向荣

出 版 者	中国农业科学技术出版社
	北京市中关村南大街 12 号　邮编：100081
电　　话	（010）82106638（编辑室）　（010）82109702（发行部）
	（010）82109709（读者服务部）
传　　真	（010）82106650
网　　址	http：//www.castp.cn
经 销 者	各地新华书店
印 刷 者	北京富泰印刷有限责任公司
开　　本	850mm×1 168mm　1/32
印　　张	6.25
字　　数	180 千字
版　　次	2020 年 6 月第 1 版　2021 年 11 月第 3 次印刷
定　　价	35.00 元

◆◆◆ 版权所有·翻印必究 ◆◆◆

《名优水产健康养殖与病害防治新技术》
编 委 会

主　编　高光明　汪　政　胡荣娟
副主编　阮宜兵　王少川　杨　军　左　娇
　　　　高　奇　姚剑坤　张瑞萍　徐腊芬
　　　　朱金东　沈修俊　刘　刚　刘新民
　　　　Vladimir Matychenkov Philippe Douillet
　　　　袁建明
编　委　赵传洲　熊　璐　王英雄　何晏开
　　　　吴灿华　徐友生　孙长锋　田　伟
　　　　覃　铸　罗中桂　曾祥迅　朱德鋠
　　　　刘友才　陈桦彬　马　钢

环境修复营养促健是防控水产病害的方向

我国名优水产养殖规模大、技术水平高、经济效益好，这是科技进步、市场需求之功，然而因其病害所造成的损失也是十分巨大的。《名优水产健康养殖与病害防治新技术》一书之谓新，在于重点介绍了碧德生态科技有限公司所创立的"水产养殖一体化环境修复、营养促健、病害防控技术"，引进多国生物工程技术，将水生生物病害防控于未然。由来自俄罗斯科学院、美国迈阿密大学、南非西北大学、自由州大学的专家组成的国际合作核心研发团队，应用新技术及制剂后，使水质环境、养殖对象处于最佳生活、生长状态，使养殖对象不发病或少发病，达到环保、优质、高产、高效目标。当前我国名优水产品的养殖模式多样，设施渔业的工厂化、流水、循环水、集装箱养殖模式逐渐规模化，体现为高密度、强投饲、高产出的特点，这就必须实施"一体化环境修复、营养促健、病害防控技术"。

开展无公害水产生产是我国水产业发展的需要，改革开放40多年来，我国水产业得到了快速的发展，水产品产量已连续多年居世界首位。由于传统的生产只注重经济效益而忽略社会生态效益，没有很好地将产品的卫生质量安全放在发展的首位，以致生产中存在着滥用药物，不注意环境的保护与修复，不注意产品是否有残药、残毒问题。只有推行从水域到餐桌的全程质量监管，才能有利于我国水产业持续稳定健康的发展。

书中还总结了我国渔业科技多年来的技术成果及渔业生产实际情况，引用了大量的文献，介绍了我国主要的名优水产品种的养殖技术及病害防治技术，如病害的主要症状、诊断和防治方法。水产药物的用法、用量必须根据发病池塘的具体水质、养殖品种、动物体质及发病程度酌情使用。鱼类病害的防治原则是重在预防、积极治疗，诊治应在专业技术人员指导下进行。本书旨在为农民教育普及渔业科技知识，仅供广大水产养殖从业者参考。因编写时间仓促、水平有限，希望读者批评指正。

2020年5月10日

目　　录

第一章　鱼病防治知识 …………………………………… (1)
　第一节　鱼病的类型与引起鱼病的原因 ………………… (1)
　第二节　鱼病预防技术 …………………………………… (4)
　第三节　鱼病诊断技术 …………………………………… (9)
第二章　环境修复营养促健与病害防控技术 …………… (14)
　第一节　融净美 ECOPRO ………………………………… (14)
　第二节　细胞能 ECOSIL ………………………………… (25)
　第三节　藻激活素 FYNBOS ……………………………… (32)
　第四节　草乐兹 AQUACAT ……………………………… (33)
　第五节　多融 AQUAGRO ………………………………… (34)
第三章　科学用药与病害防治技术 ……………………… (37)
　第一节　水质与病害发生的关系 ………………………… (37)
　第二节　影响药物作用的因素 …………………………… (38)
　第三节　渔药的使用准则 ………………………………… (39)
　第四节　微生态制剂在水产养殖中的应用概述 ………… (40)
　第五节　鱼类疾病防治经验处方 ………………………… (45)
第四章　乌鱼养殖与病害防治 …………………………… (76)
　第一节　乌鱼食性 ………………………………………… (76)

第二节　乌鱼繁殖………………………………………（77）
第三节　乌鱼苗种培育…………………………………（78）
第四节　成鱼养殖………………………………………（81）
第五节　乌鱼常见病害防治……………………………（81）

第五章　"中科5号鲫"养殖技术与病害防治 …………（82）
第一节　品种概况………………………………………（82）
第二节　苗种培育………………………………………（83）
第三节　成鱼养殖………………………………………（85）
第四节　病害防治………………………………………（86）

第六章　鳜鱼养殖与病害防治 …………………………（88）
第一节　生物学特性……………………………………（88）
第二节　苗种培育………………………………………（89）
第三节　养成技术………………………………………（91）
第四节　病害防治………………………………………（93）

第七章　黄颡鱼养殖与病害防治 ………………………（95）
第一节　生活习性………………………………………（95）
第二节　养殖技术………………………………………（95）
第三节　病害防治………………………………………（96）

第八章　加州鲈养殖与病害防治 ………………………（100）
第一节　加州鲈的生活习性……………………………（100）
第二节　养殖池塘要求…………………………………（100）
第三节　苗种培育………………………………………（101）
第四节　饲养管理………………………………………（102）

目 录

第五节 日常注意事项 …………………………………（104）
第六节 疾病防治 ………………………………………（104）
第九章 鳗鱼养殖与病害防治 ……………………………（109）
第一节 鳗鱼分布范围 …………………………………（109）
第二节 鳗鱼养殖技术 …………………………………（110）
第十章 泥鳅养殖与病害防治 ……………………………（121）
第一节 形态特征 ………………………………………（121）
第二节 栖息环境 ………………………………………（121）
第三节 生活习性 ………………………………………（122）
第四节 繁殖方式 ………………………………………（122）
第五节 养殖技术 ………………………………………（123）
第六节 池塘混养 ………………………………………（125）
第七节 坑塘养殖 ………………………………………（125）
第八节 稻田养殖 ………………………………………（125）
第九节 病害防治 ………………………………………（125）
第十一章 黄鳝养殖与病害防治 …………………………（127）
第一节 黄鳝形态特征 …………………………………（127）
第二节 黄鳝生活习性与繁殖方式 ……………………（128）
第三节 黄鳝人工养殖 …………………………………（129）
第四节 黄鳝病害防治技术 ……………………………（133）
第十二章 河蟹养殖与病害防治 …………………………（135）
第一节 河蟹生物学特性 ………………………………（135）
第二节 池塘条件 ………………………………………（135）

第三节	清塘	(135)
第四节	种植水草及放养螺蛳	(135)
第五节	夏季勤换水	(136)
第六节	使用水质调节剂	(136)
第七节	注意事项	(136)
第八节	病害防治	(137)

第十三章 小龙虾养殖与病害防治 (141)

第一节	小龙虾资源分布及生物学特征	(141)
第二节	小龙虾的养殖模式	(146)
第三节	常见问题及疾病防治	(157)

第十四章 南美白对虾养殖与病害防治 (161)

第一节	南美白对虾生活习性	(161)
第二节	南美白对虾养殖管理技术	(162)
第三节	南美白对虾的病害防治	(164)

第十五章 罗氏沼虾养殖与病害防治 (167)

第一节	生长习性	(167)
第二节	池塘养殖	(168)
第三节	稻田养殖	(169)
第四节	越冬培育	(171)
第五节	常见病害	(172)

第十六章 澳洲淡水龙虾养殖与病害防治 (174)

| 第一节 | 澳洲淡水龙虾简介 | (174) |
| 第二节 | 虾池建设 | (175) |

第三节 繁育技术	(175)
第四节 虾苗放养	(176)
第五节 投　饵	(176)
第六节 虾池管理	(176)
第七节 病害防治	(177)
第十七章 甲鱼养殖与病害防治	(179)
第一节 甲鱼生活习性	(179)
第二节 甲鱼人工饲养	(180)
第三节 甲鱼养殖场地	(181)
第四节 甲鱼病的治疗	(183)
参考文献	(185)

第一章 鱼病防治知识

第一节 鱼病的类型与引起鱼病的原因

到目前为止,我国发现了一百多种鱼病,病原包括病毒、细菌、真菌、藻类、原生动物、蠕虫、甲壳动物和软体动物的幼虫。此外,还有由于水质不良、营养缺乏等非生物性因子引起的疾病;生物敌害也能成为鱼类死亡的因素。由于鱼病研究始终贯彻与生产紧密结合的方针,对大多数严重危害鱼类的流行病都已找到不同程度的有效防治方法,但是有些鱼病还不能得到较好控制,因此,必须积极预防,防重于治。

一、鱼病的类型

鱼类发病,可由生物病原和非生物因素引起。按病原体的性质,鱼病大致可分为传染性鱼病、侵袭性鱼病和其他因素引起的鱼病三大类型,见下页图。

1. 传染性鱼病

凡由病毒、细菌、真菌和藻类引起的鱼病均属于传染性鱼病,亦称鱼类微生物病。鱼类传染性疾病有急性和慢性之分。急性型鱼病病情来势凶猛,往往几天或1~2周内大量死亡,如果不及时治疗,发病鱼池的死亡率有时可高达80%以上;慢性型鱼病则是在病程中拖得较长,每天死亡数量不多,但可延续数月之久。鱼类的传染病,有单纯感染和混合感染的形式。单纯感染指鱼只被一种病原感染;而混合感染,则同时感染有两种或两种以上的病原体。传染病也有原发性感染和继发性感染。原发性感染是指健康鱼被病原体感染而发病;继发性感染则是发生在原发性感染基础上,即病原的侵入是在已发病的鱼类上,如肤霉病的发生必须在鱼体受伤或已受细菌感染腐烂的伤口上。

2. 侵袭性鱼病

由寄生虫引起的各种鱼病，称为侵袭性鱼病。寄生虫主要包括有原生动物（原虫类）、蠕虫类、甲壳类等，与健康鱼接触时，很容易把寄生虫传播至另一条鱼体上，而且很多鞭毛虫和纤毛虫都有暂时离开寄主在水中自由游动的能力，这样就更加增强了传播的可能性。

间接传播是指鱼被侵袭是通过与食物、养鱼工具、池水、池泥或水生动植物媒介接触。这些媒体包含有寄生虫的不同发育时期的幼虫或成虫，它们通过各种途径侵入鱼体表或体内发育、生长和繁殖，如球虫和黏孢子虫成熟后，不断地自鱼体进入水中，沉落于塘底污泥中，继而侵袭更多的鱼类。

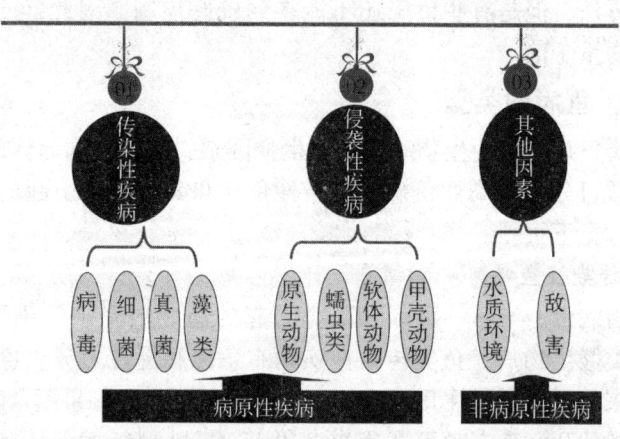

图　水环境中养殖动物疾病的种类

3. 其他因素引起的鱼病

还有一些鱼病是由其他生物或是机械、物理、化学等非生物因素引起。如池塘中蓝藻或甲藻大量繁殖时，产生有毒物质引起鱼类中毒。丝状绿藻（青泥苔）或水网藻大量繁殖时，不但消耗池水中的养料，而且往往使鱼苗或早期夏花鱼种游进这些藻丛中，被缠住游不出来造成死亡。在捕捞和运输过程中，由于工具的不合适或操作不慎，能给鱼带来不同程度的损伤，这些机械损伤最易引起继发性鱼病（如赤皮病、白皮病和肤霉病）而导致大量死鱼。因缺氧而引起的浮头和泛池，都是由于水质不良或天气变化所引起。此外，长期饲料不足引起鱼的饥饿和营养不良，常见的如跑马病、萎瘪病，鱼逐渐消瘦最终死亡。

二、引起鱼病的原因

1. 自然条件因素

（1）水温。鱼是冷血动物，其体温随外界环境条件的变化而改变，如水温的急剧升降，鱼体不易适应，可能导致各种疾病的发生；鱼类在不同的发育阶段，对水温也有一定的要求，鱼苗下塘时要求池水温度相差不超过2℃，鱼种不超过4℃，温差过大，就会引起鱼苗大量死亡。

（2）水质。影响水质变化的因素主要有生物的活动、水源、底质以及气候的变化。如池中有机质过多、微生物分解旺盛时，一方面需要吸收水中大量氧气而氧化，同时还会放出硫化氢、沼气等有害气体，这些有害气体集聚一定数量后，水质便发生变化，不利于鱼的生长，却有利于病原微生物的繁殖。鱼对池水酸碱度虽然具有较大的适应范围，但以pH值在7~8.5的范围内适宜。如果酸性低于5或碱性超过9.5，就会引起鱼生长不良或死亡。

（3）溶解氧。溶解氧的变化是指水中溶解氧含量的高低，对鱼的生长和生活有直接的影响。溶氧量低到接近1mg/L时，鱼就会发生浮头现象；如果溶氧量降至0.2~0.6mg/L，鱼类就会因缺氧窒息而死亡。溶氧量多，又可能引起幼鱼患气泡病。

2. 人为操作因素

（1）放养密度不当和混养比例不合理，均与疾病发生有很大的关系。如单位面积内放养密度过大，或底层鱼类与上层鱼类搭配不当，超过了一般饵料基础与饲养条件，饵料不足、营养不良和抵抗力减弱，都会导致流行病的发生。

（2）养殖管理不当。人工饲料或天然饵料，都应该保持一定数量的补给，否则，鱼类的正常生理机能活动的消耗得不到补充。投入不清洁或变质的豆饼、腐烂的水草、死臭的螺蛳、带有寄生虫卵或没有营养价值的饲料时，都可能导致流行病的发生。人工投饵，没有根据鱼体逐日的需要量或时有时无，造成时饱时饿，摄食不匀，也是发病原因之一。天然饵料主要靠施肥来繁殖，但因施肥种类、数量和时间处理方法的不同，也能产生不同效果。如天热时投放过多未经发酵的厩肥，易使水质恶化，诱发暴发性出血病；在池塘中用大草发酵沤肥时，如处理不当，便有利于鱼苗敌害的繁殖。

（3）机械性损伤。拉网捕鱼和运输鱼种时操作不当，很容易擦伤鱼体，容易感染水中的细菌和水霉。

3. 生物因素

常见的鱼病，多数是由各种生物传染或侵袭鱼体而致病，这些使鱼致病的生物称为病原体。研究证明，我国鱼病的病原体包括病毒、细菌、真菌、藻类、原生动物、蛭类、蠕虫、甲壳动物和软体动物的幼虫。另外，还有一些直接吞食或间接危害鱼类的生物，如水鼠、水鸟、水蛇、蛙类、凶猛鱼类、水生昆虫、水螅、青泥苔和水网藻，统称为鱼类的敌害。

第二节　鱼病预防技术

鱼病发生后，病鱼一般没有食欲，药饵很难为病鱼服用。投药饵治病，实质只是挽救池中没有发病或病情较轻的鱼。因此，要减少鱼病的发生和提高鱼产量，必须以预防为主。采取预防措施时，不但要注意消灭传染病的来源，尽可能切断传染和侵袭的途径，而且应提高鱼体的抗病力。只有发挥综合预防的水平和威力，才能达到预期的防病效果。

一、养殖防病的原则和方针

鱼病防治是养殖生产日常饲养管理的重要内容，从实际情况来看，鱼病防治是养殖生产中最突出的问题之一。因此，加强日常饲养管理，有效地进行鱼病防治有着重要的现实意义。

1. 坚持"防重于治"的原则

因为鱼生活在水里，一旦发病就给及时诊断和治疗带来很大困难。

（1）鱼类患病后不像畜、禽患病那样，能比较容易得到及时并正确地诊断和治疗。当前一些鱼病虽然能比较正确地诊断，但治疗方法受限。畜禽动物病常采用口灌或注射药物方法，而治疗生活在水里的病鱼，若采用注射或口灌就不现实，尤其是在水面较大、数量较多的情况下，就更加困难。

（2）鱼发病后，实际已没有食欲，严重的根本就不进食。即使有特效药物，也无法让病鱼吞食。目前，只是针对病情很轻或尚未丧失食欲的病鱼，才能采用口服药物治疗，制成药饵投喂。

（3）治疗鱼病常采用外用药的方法，就是用药物浸洗鱼体或全池泼洒施药。

（4）从实际情况看，目前还有一些鱼病仍无有效的方法治疗或根本无法治疗，其治疗方法或药物尚在研究之中。

因此，为了减少鱼病带来的损失，必须紧抓预防，有效地预防鱼病的发生，即"防重于治"。

2. 坚持"有病早治，积极治疗"的工作方针

这就要求每一个养殖生产者在日常饲养管理中，通过耐心细致的管理，做到及时发现鱼病，运用所掌握的知识和经验，准确诊断鱼病，使用疗效好的药物，尽快尽早地治疗鱼病，将鱼病尽可能地控制在早期。

二、鱼病预防的主要措施

鱼病的发生主要是由病原体引起的，有效地消灭和控制病原体，就可能有效地预防鱼病的发生。因此，鱼病预防的主要措施均是消灭和控制病原体的措施。常见措施如下。

1. 清塘消毒

常用的清塘消毒剂有生石灰、漂白粉（20mg/L）、清塘净

（20cm 水深，每亩*用500g）。需要注意的是，清塘消毒后在放鱼前一定要经过"试水"。

2. 鱼种消毒

常用的消毒剂及用量、用法如下。

（1）聚维酮碘溶液 500~600mg/L，10~20min。二氧化氯 100mg/L，15~20min。

（2）食盐 3%~4%，浸洗 5~15min。

（3）高锰酸钾溶液 10~20mg/L，10~20min。

（4）漂白粉 10mg/L，15~30min。

（5）硫酸铜 8mg/L，15~25min。浸洗时要密切观察鱼种的活动情况，如发现异常情况，应立即放鱼入池，以免发生危险。

3. 饲料消毒

（1）动物性饵料用清水洗净投喂。鲜活饵料经用聚维酮碘溶液 50mg/L 或二氧化氯 100mg/L 或食盐 3%~4%，15~20min 后投喂。

（2）植物性饵料用 2mg/L 聚维酮碘溶液浸洗 20~30min 后投喂。人工饲料不投喂霉变的饲料，投喂人工商品饲料时，可拌入大蒜素后投喂。

（3）肥料粪肥有机肥，在彻底发酵或拌入鱼虾强氯精消毒后施用。

4. 食场消毒

食场内常有残余饲料，残饵腐败后常为病原体的繁殖提供了有利条件，而食场是鱼类频繁活动的场所，因此应定期对食场进行消毒。在鱼病流行季节，每隔 1~2 周对食场进行消毒 1 次。常用药物有强氯精、聚维酮碘和漂白粉，用量视食场大小、深浅而酌情使用。

食场消毒还可以使用挂篓、挂袋，10~15 天换 1 次药物。

5. 工具消毒

在鱼病流行期间工具消毒，方法是用 100mg/L 二氧化氯溶液浸

---

* 1亩≈667m^2，1hm^2=15亩。全书同

泡10min，晾干后再使用（以上鱼种消毒、饵料消毒、食场消毒和工具消毒统称为"四消"）。

6. 流行季节定期药物预防

鱼病流行有一定的季节，尤其流行高峰期明显，并且通常是6—9月高温季节。要定期（通常为2周）泼洒或投喂药物，有效地控制和消灭病原体，就可以有效地预防鱼病。

流行季节定期药物预防，尤其是内服外用相结合，杀虫消毒相结合，可有效地消灭病原体，从而有效地预防鱼病。

三、清塘消毒的基本要求

池塘是鱼类生活栖息的场所，也是鱼类病原体的滋生场所。药物清塘起到除野杂和消灭病原的作用，是预防鱼病的重要措施。常用的清塘药物有生石灰、漂白粉、茶饼，其中以生石灰和漂白粉为优。生石灰不但能杀灭池塘水体和淤泥中的病原、中间寄主、携带病原的动物和敌害，还有改良土壤、水质和施肥作用；漂白粉和生石灰同样有杀灭作用；茶饼灭菌作用不大，可用于稻田养殖小龙虾时清除野杂鱼，但防病效果稍差。

1. 生石灰清塘

主要有干法清塘和带水清塘两种方法。

（1）干法清塘。先将池水放干或留水深6~9cm，亩用生石灰50~75kg。清塘时在塘底挖几个小坑，或用木桶把生石灰放入容器和土坑中加水溶化，不待冷却立即均匀向四周泼洒（包括堤岸脚），第二天早晨最好用耙翻动塘泥，消毒效果更好。

（2）带水清塘。每亩水深1m用生石灰120~150kg，通常将生石灰放入木桶或小坑溶化后立即全池遍洒，10天后药力消失即可放鱼。实践证明，带水清塘比干池清塘防病效果更好，但生石灰用量较大，成本较高。

2. 漂白粉清塘

一般每立方米水体用含有效氯30%左右的漂白粉20g，先用木桶加水将药溶解，立即全池均匀遍洒，然后用船划动池水使药分布均匀,发挥效果。4~5天后药力消失即可放鱼。

漂白粉有很强的杀菌作用,但易挥发和潮解。因此,必须密封保存在陶器内,存放干燥处。使用前最好测定有效氯含量,不足28%~30%时要适当增加用量。

3. 茶饼清塘

每亩(平均水深1m)用茶饼40~50kg,先将茶饼打碎成粉末后加水调匀,全池均匀遍洒,6~7天后药力消失即可放鱼、虾。

4. 巴豆或鱼藤精清塘

巴豆一般每亩用2~3kg,鱼藤精用量为2mg/L浓度。这些药物能杀死水中的有害鱼,对鱼病病原体和其他水生物的杀灭效果很差。

清塘后加水放鱼时,应采取过滤措施,以防止野杂鱼及病害生物随水进入塘内。放鱼前,必须先试水。

四、养殖防病用药注意事项

两种药物混合使用时,应先分别溶化后混合,各种药物均应现配现用。

施用药物的时间应安排在晴天9时许,此时光合作用逐渐增强,池中溶氧丰富,不易发生药害,也便于观察鱼的活动情况。不宜在清晨泼药,因池塘中的溶氧经过鱼类水生动物一夜的消耗,含量已处最低,清晨泼药更容易造成缺氧浮头。也不可在中午阳光直射时施用,以免降低药效。

泼洒药液,可用喷射水枪、无人机、喷雾器,也可用木瓢或勺子全池塘均匀泼洒,切不可定点倾倒。对水泼洒的药物要准确丈量水体;拌和饲料的药物要较准确估计鱼体重,以免用药过量造成中毒或用药不足,达不到治疗效果。用药不能盲目乱用多用,细心诊断对症下药,以免造成浪费,增加成本及药物残留。

泼洒药物前要把鱼喂饱,应在鱼吃食后2~3小时泼药;投药饵时要使鱼空腹。

水温较高时泼洒药物效果最佳,泼洒时要均匀,不易溶解的药物要用开水充分溶解后再泼洒,留下颗粒会使鱼误食中毒。

用药后 1~2 小时内，人不要离开池塘边，一旦发现鱼严重浮头或有死鱼时，应迅速注入新水。

鱼有浮头现象或浮头刚结束时不要用药，否则会造成大批鱼死亡。

泼洒药物的同时不要投喂饲料，最好先喂食，后洒药。遍洒药物应从上风处开始逐渐向下风泼，这样药物较均匀。

五、养殖防病的"四定"投喂

"四定"投喂，即投喂饲料要定时、定位、定质和定量。在保证饲料质量的前提下，在一定的时间、一定的位置、投喂一定数量的饲料。"四定"关键的是定质，即饲料要新鲜、优质，这是提高鱼体疾病抵抗力的重要一环。虽然各种鱼的饲料种类类型各异，但这一点是饲养管理中的重要措施。腐败变质的饲料应作为垃圾处理，不应再投喂，以免引起鱼群中毒死亡。

第三节 鱼病诊断技术

一、诊断鱼病的基本流程

1. 调查访问，掌握第一手资料

首先，调查池鱼饲养管理情况，包括清塘方法，养殖的种类、来源、密度，鱼类进入池塘前是否经过消毒以及施用过什么药物消毒，投饲、施肥的种类、数量和质量。其次，调查有关的环境因子，包括了解水源中有无污染源，水质情况，水温的变化情况，养殖水域周围的农田施药情况，养殖水域的大小、深浅、底质情况、有无敌害生物及有无水产动物某种寄生虫的中间寄主，周围有无水产动物某种寄生虫的终末寄主。最后，调查发病情况和曾经采用过的防治方法。

2. 对患病鱼类进行解剖检查

一般都是先检查外部，再检查内部；同时每一部位的检查，都是先用肉眼检查，然后再用显微镜检查。肉眼检查，是用眼睛仔细观察各部位有无充血、发炎、溃烂、变色、黏液增多、粗糙、肿胀、孢点、畸形及肉眼可见的大型病虫害。显微镜检查，是在干净的载玻片上加一滴清水（检查体表时，用自来水；检查内部组织器官时均用生理盐水），然后将要检查的黏液、组织或病虫害放入水滴中，盖上盖玻片，先用低倍镜观察，后用高倍镜观察。

3. 细菌病及病毒病的确诊

需要进行免疫学诊断、病理学诊断，或进行病原体的分离、培养和鉴定。

4. 中毒及营养不良病的确诊

须对食物、水质和机体进行分析测定。

二、诊断鱼病的主要技术

鱼类患病后一般有体色改变、溃烂、黏液增多、粗糙、隆起、凹下、肿胀、萎缩、水肿、积水、质地变软或变硬、特殊斑点、特殊气味、残缺不全、畸形症状以及生长缓慢、甚至停止生长现象。除了上述症状和现象外，还有游动异常（如游动缓慢、狂游、旋转、竖游）、呼吸速度加快或减慢、呼吸困难、吃食减少或不吃食，对外界反应迟钝、充血、出血、贫血。然而，由于同一症状往往可以由很多种病因引起，如患细菌性肠炎、食物中毒、草鱼出血病和淡水鱼细菌性败血症均可引起肠壁充血；而又有很多疾病，即使在临近死亡时，仍没有明显、特殊的症状，如隐鞭虫病、斜管虫病和车轮虫病。

1. 寄生虫病的诊断

鱼类等水生养殖动物的寄生虫病，一般采用显微镜检查患病肌体，即可作出诊断。但要鉴定寄生虫的种类时，有时还需要进行寄生虫的染色、解剖、切片、培养及查明生活史。同时，在诊断时要注意，即肌体上查到的寄生虫，可认定是患该种寄生虫病。了解寄生虫寄生的数量及其对寄主的危害性，是否还患其他疾病。

有些寄生虫病采用一般的检查方法，常常发生漏诊。如苗种在急性感染双穴吸虫病时，往往看不出眼睛发白，在水晶体上也查不到有大量双穴吸虫的囊蚴，检查鱼的尾数少或不仔细时，甚至查不到该虫。此时，如果被检查的鱼没有患其他疾病，而根据鱼在水中游动失控、头部充血或鱼体弯曲，怀疑患双穴吸虫病时，则必须进一步了解该鱼池中是否有大量椎实螺（该虫的第一中间寄主）及附近是否有很多鸥鸟（该虫的终末寄主）。同时，检查螺体内是否有大量双穴吸虫的尾蚴寄生，这些都可以帮助诊断，然后再仔细地多检查几条病鱼，这样就不会发生漏诊了。

2. 真菌病、细菌病及病毒病的诊断

鱼类等水生养殖动物的真菌病，一般也是采用显微镜检查患病肌体，即可作出诊断。但要鉴定真菌的种类时，还需要进行分离培养，查明其无性繁殖及有性繁殖的情况。

以前，鱼类等水产养殖动物的疾病种类不多，根据调查访问及对患病肌体的解剖检查就可以诊断为患哪一种病。但随着疾病的种类不断增加，有些疾病的症状相似或基本相同，仅仅根据调查访问和患病肌体的解剖检查就不能作出正确诊断，尤其是对治疗方法不同而症状又相似的疾病就要引起特别注意，必须根据不同疾病，进一步采取免疫学诊断、病理学诊断、人工感染试验或对病原体进行分离、培养、鉴定工作，来诊断患细菌病和病毒病。

3. 环境不良和中毒及营养不良引起的疾病诊断

根据调查访问和对患病肌体的解剖检查，初步怀疑是由水质或中毒引起的疾病，那就需要及时对水质、底泥、饲料和患病肌体进行分析测定。

由某种浮游生物大量繁殖引起的中毒，则需对该浮游生物进行鉴定。当然有些疾病在没有进一步进行水质分析测定时就可以作出正确诊断，如由于缺氧引起的浮头和泛池。引起鱼类的水产养殖动物急性中毒的药品很多，假如已知道是哪一类药物，分析测定就较方便。如有机磷中毒，可以测定中毒个体的脑胆碱酯酶活力；但是如果不知道是哪一类药物引起的中毒，要一种种地进行分析测定，既费人力、物力、财力，又不能及时查明病因。不妨先在发病水域中立即放入一口网箱，或将发病池的水取出放入大的容器内，然后将不发病塘的同类水产动物放入，如果发生大量死亡，那么就可以证明水中有毒，然后再进一步进行分析测定（当然水样要在发生死亡时及时采好）。食物中毒则往往是吃同一种饲料的水产动物发生急性死亡，解剖已死及将死的鱼类肠内既有大量饲料，肠又充血，这应需要对饲料或肠的内含物进行分析测定，才能确定由什么引起的食物中毒。

三、诊断鱼病的注意事项

（1）调查访问和病体的解剖检查必须交替进行，这样不会耽误检查诊断的时间（尤其是夏天）。否则，由于调查时间病体发生腐败变质，不能供检查使用，有些疾病就查不出来，或增加了疾病诊断的难度。所以，一般是先简单了解一下发病、饲养情况，再解剖检查。水产动物突然大量死亡，在病体中查不出发病原因，天气又不闷热，叩考虑是否中毒引起，这要进一步了解池塘周围的农田用药情况，周边有无污物，水质如何，池中有无大量有毒的浮游生物，必要时需到现场进行调查观察、分析水质、检查水中的浮游生物。

（2）供检查用的病体应选择症状明显、尚未死亡或刚死不久的。如果路远，确实难以送活的，应上门诊断。

（3）要尽量多检查几条患病鱼。因不同种类、不同个体生病的种类及严重程度不完全相同，有时甚至还可能同时患几种疾病；即使是同一种鱼类发病，不同年龄的也应分别取样进行解剖检查，以保证检查结果的正确全面。

（4）在对每一个病体进行解剖检查时，应由表及里，对发生病变及易患病的器官组织进行镜检，必要时再对其余器官组织进行镜检。

（5）解剖病体时，注意不能将内脏剪破。

（6）检查用的工具必须洗干净，不能带有药品。且每检查一个组织或器官后，都应洗干净，以免互相污染。

（7）检查淡水鱼类的体表及鳃用自来水；检查海产动物的体表及鳃用干净的海水。

（8）制成临时压片检查时，要求每一器官多检查几片，以免漏检。

（9）如一口池中同时发生几种疾病时，应根据各种病轻重及危害性，找出主要病原先解决。

（10）每次进行诊断时，都必须做好详细记录，以便复查及总结、提高。

第二章 环境修复营养促健与病害防控技术

近年来有涉渔企业在环境修复与营养促健防控病害技术上引进国外技术,生产出了利用生物技术、营养促健技术防控水产病害的制剂:融净美、细胞能、藻激活素、草乐兹和多融。这些制剂对名优水产养殖具有多重作用,分别介绍如下。

第一节 融净美 ECOPRO

一、制剂成分

多种益生菌、有机营养、次氯酸中和剂(图 2-1)。

图 2-1 融净美 ECOPRO 制剂
(高温型:20~45℃;低温型:3~25℃)

二、制剂特点

含精选益生菌和 100% 有机营养;净水、抑菌、改底和促进生长;有效分解水体中的有机物颗粒;分解革兰氏阴性菌产生的黏多糖;快速吸收氨氮和亚硝酸盐。

与同类产品区别:市场上都是单一菌种,单一作用方向,融净美为多种有益菌种按比例配合,达到最佳效果;融净美有低温型和高温型两种,其他只有高温型。

三、作用机制

（1）益生菌通过释放胞外酶分解水体中的有机物颗粒。

（2）分解由革兰氏阴性细菌产生的黏多糖，黏多糖会在池底造成氧气的物理屏障，导致产生厌氧沉积物。

（3）比革兰氏阴性细菌更有效利用溶解性营养，防止革兰氏阴性细菌的滋生。

（4）快速吸收水体中溶解的氨氮和亚硝酸盐。

（5）通过竞争营养和产生抗菌活性产物减少有害细菌（弧菌）的种群。

（6）提高养殖动物消化系统中消化酶的产生（淀粉酶、脂肪酶、胰蛋白酶），提高饲料和蛋白质的转化效率，减少饲料成本，促进养殖动物生长和提高产量。

（7）减少或消除换水的需求，节约能源，减少将有害微生物带入养殖系统中的风险。

四、目前水产池塘存在的问题（图2-2至图2-4）

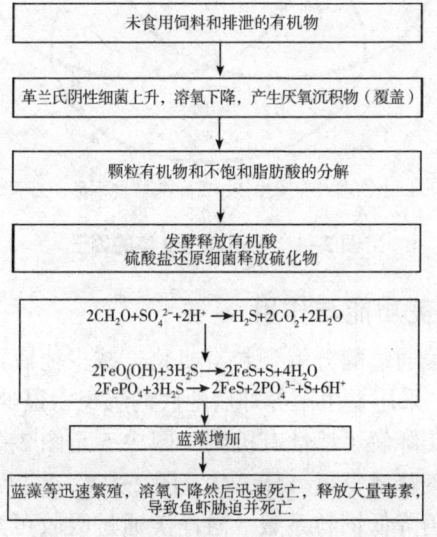

图2-2　集约化养殖对沉积物的影响

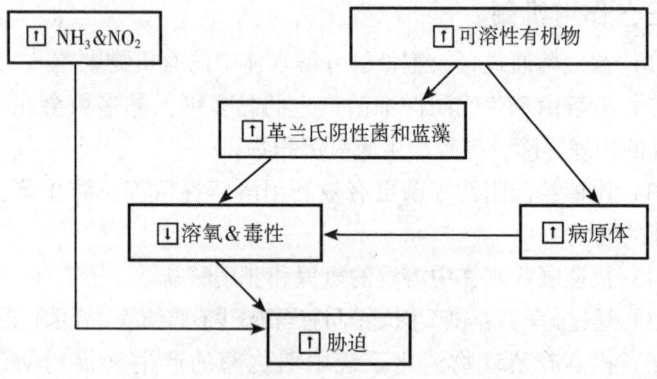

图 2-3 集约化养殖对水体的影响因素

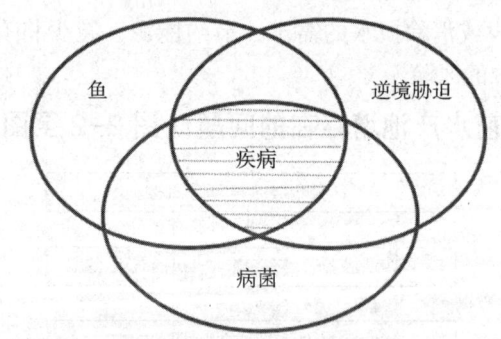

逆境胁迫：1.物理：养殖操作；2.营养:饮食不足；3.环境改变

图 2-4 疾病发生交集的因子

五、融净美功能与作用

（1）融净美通过酶分解颗粒有机物，减少池底产生导致厌氧发酵的黏多糖膜。采用益生菌养虾后池底的沉积物很少。

（2）融净美降解可溶性有机质（图 2-5 至图 2-7）。

（3）融净美降解氨氮（图 2-8、图 2-9）。

（4）融净美降低饲料系数。融净美通过吸收可溶性有机物和无机废物，帮助形成絮团，将营养转化进食物链，向鱼虾提供有机营

图 2-5 分解和吸收可溶性有机质

Time(h)	DBO5	%Efic	O & G	%Efic
0	5495.4	0	2639.2	0
17	1240.8	77.4	1534.8	41.8
40	786.8	85.7	487.8	81

图 2-6 分解和吸收可溶性有机质分析值

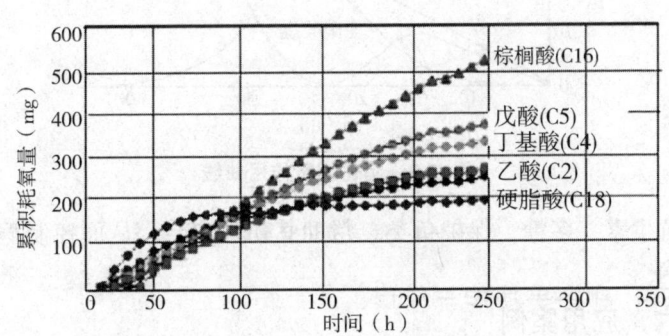

图 2-7 有机酸的降解取决于温度和氧的有效性

养,从而降低饲料系数。

(5)融净美控制疾病。融净美通过减少病原体的食物(可溶性有机质),使塘中溶氧升高,维持水质、底质清洁和高溶氧,产生天

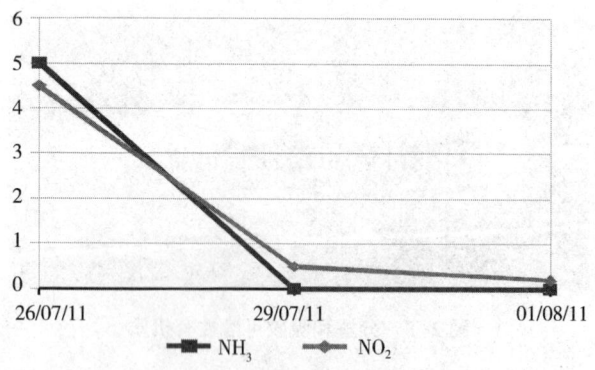

图 2-8 融净美降解氨氮

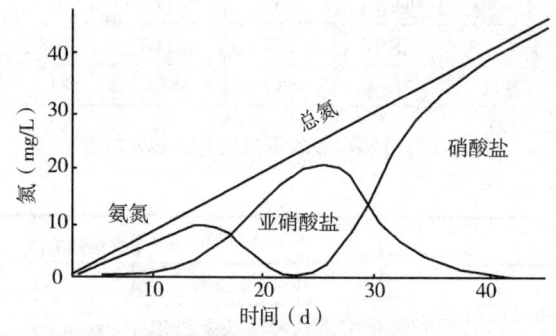

图 2-9 硝化细菌作用曲线

然的抗生素、多糖，保护鱼类，帮助其伤口愈合，从而控制病原体和疾病。

六、应用案例

1. 融净美处理虾池污水——泰国案例（图 2-10）

2. 南美白对虾应用融净美效果——哥伦比亚案例

试验安排在哥伦比亚，分为两个处理：对照和融净美处理，对照为 27hm² 商业生产池塘，融净美处理为 2hm² 池塘，深 1.5m。养殖密度为 37 只/m²。养成对虾重量为 13g/只。融净美使用方法：一

图 2-10 经融净美处理后，污水变得清澈洁净

周使用 6 次，12kg/（hm²/养殖周期）[100mg/（kg·m³）]。

试验结果：

南美白对虾应用融净美后，增产 43%，饲料效率提高 33%，利润提高 227%，养殖周期由 90 天缩短到 80 天，沉积物积累深度从 50cm 减少到 10cm，沉积物由黑色转为棕色，缩短池塘的准备时间，无蓝藻，无弧菌，虾质量明显改善，外壳坚硬，颜色天然，口味更佳（表 2-1）。

表 2-1 南美对虾应用融净美效果

参数	对照	融净美	效益
产量（kg/hm²）	2 000	2 867	+43%
产量（kg/hm²）	9 280	13 301	+43%
饲料系数	1.2	0.8	-33%
饲料用量（kg）	2 400	2 293	-4.46%
饲料成本（美元）	3 120	2 981	-139
其他成本（美元）	4 457	4 457	0
融净美成本	0	300	+300
总生产成本	7 577	7 738	+161
利润（美元/hm²）	1 703	5 563	+227%

3. 融净美对海洋观赏鱼养殖场弧菌的影响——美国佛罗里达州案例

融净美：1 次使用 0.79 mL/L（7.9 mg/L 干制剂），1 周后调查计数，结果表明弧菌降低十分显著（表 2-2、图 2-11）。

表 2-2 融净美对海洋观赏鱼类弧菌的影响

样品	始数（CFU/mL）	终数（CFU/mL）	降低率
1	>800	4	99.5%
2	3 330	12	99.6%
3	660	4	99.4%
4	410	28	93.2%
5	300	12	96%
6	1 530	0	100%

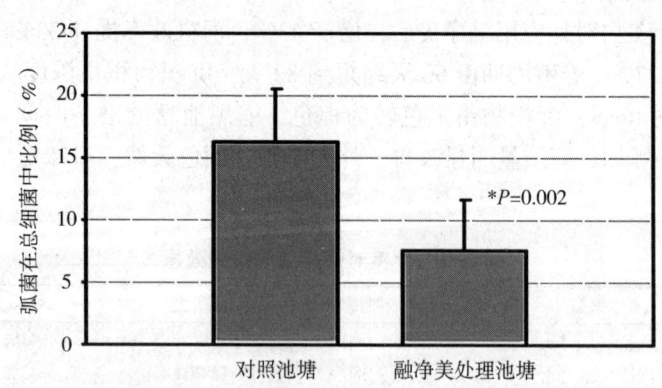

图 2-11 融净美减少微生物群落中的弧菌

* $P=0.002$ 表示融净美处理池塘中弧菌占比与对照池塘呈显著性差异。

4. 融净美在南美白对虾上的应用效果——江苏如东案例

池塘 225m³，0.8~1.2m 深，虾苗 20~23 天淡化后，投苗密度 90 只/m³，生长 60 天，饲料用量 700kg/亩，饲料价格 9 元/kg。试验分为两个处理：常规养殖和融净美处理。融净美每月使用 10 次，

48mg/（m³·次）。监测 NO_2 和 NH_3。

试验结果：与对照相比，南美白对虾应用融净美增产 50%，虾重增加 47%，亩增收 1.7 万元（表 2-3）。

表 2-3 融净美在南美白对虾上的应用效果

参数	对照	融净美	效益
产量（kg/亩）	500	750	+50%
虾重（g）	8.93	13.16	+47.37%
价格（元/kg）	11	13	+18.18%
销售额（元/亩）	22 000	39 000	+17 000
饲料系数	1.4	0.9	-42%
苗种（元/亩）	2 190	2 190	
电费（元/亩）	6 000	6 000	
其他成本（元/亩）	3 000	2 800	-200
融净美成本（元/亩）	0	640	+640
饲料成本（元/亩）	6 300	6 300	
总生产成本（元/亩）	17 490	17 930	+440
利润（元/亩）	4 510	21 070	+16 560 +367%

监测虾池 NH_3 变化规律表明，常规养殖虾池 NH_3 浓度变化很大，3 月 28 日 0.25mg/L，一个月后，4 月 28 日就提高到 0.9mg/L；而融净美处理 NH_3 浓度变化不大，一个月后由 0.1mg/L 提高到 0.2mg/L，NH_3 浓度很低，明显改善了水环境（图 2-12）。

监测虾池 NO_2 变化规律表明，常规养殖虾池 NO_2 浓度变化很大，一个月，就由 0 提高到 0.2mg/L；而融净美处理 NO_2 浓度没有变化，基本处于零状态，保持了良好的水环境（图 2-13）。

5. 斑节对虾应用融净美效果——印度尼西亚案例

养殖虾池 3 500m³。每个虾池的水再循环到沉淀池（750 m³），

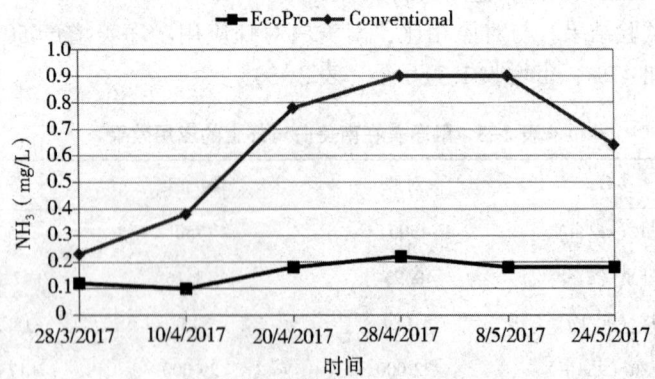

图 2-12 监测虾池 NH_3 变化规律

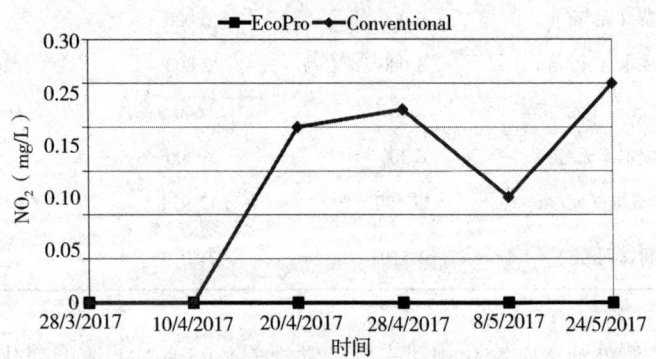

图 2-13 监测虾池 NO_2 变化规律

然后到氧化池（750 m³），再返回到培养池。用融净美处理 4 个重复培养系统，另 4 个作为对照。

养殖密度为 45 PL 20 /m²。每天喂虾 4~6 次。在所有处理下，每天 24 小时对水进行通气。

以 20 mg/（m³·天）[140mg/（m³·周）]的速率添加融净美干粉—[14mL/（m³·周）]。

采虾时用PCR检测白斑病毒，两种处理下检测的所有虾对该病毒均呈阳性。融净美处理后，虾体仍带有病菌，但环境很好，没有胁迫，因此产量很高（表2-4）。

表2-4 斑节对虾应用融净美效果

指标	对照	融净美	增加
虾重（g/只）	29	40	37.9%
产量（t/hm^2）	1	10.2	920%

6. 罗非鱼应用融净美效果——美国佛罗里达州案例

24个45m^{3}圆池，2个165m^{3}跑道池，每立方30kg鱼，池中无絮团。添加融净美30mg/（m^3·d），并减少换水，增加絮团。

与对照相比罗非鱼应用融净美效果：节约饲料35%；由全天24h增氧缩短为7h；节约用水80%；节约能源25%（表2-5）。

表2-5 罗非鱼应用融净美效果

指标	对照	融净美
饲料系数	1.45	0.95
节省饲料		34.48%
增氧时长（天）	24	7
节约用水		80%
节约能源		25%

7. 感染链球菌的罗非鱼应用融净美效果

试验结果发现，对照中23%存活，融净美使用剂量250mg/周，治疗1周后存活率达到95%。

8. 用融净美对鲟鱼进行生物防治——美国佛罗里达州案例

1.8kg鱼的死亡率——5个独立的循环系统。

4 075条鱼/8水池系统，试验持续时间180天。

融净美添加量为300 mg/（m^3·周）或30 mL/（m^3·周），融

净美治愈受外伤的鲟鱼死亡率降低（图 2-14）。

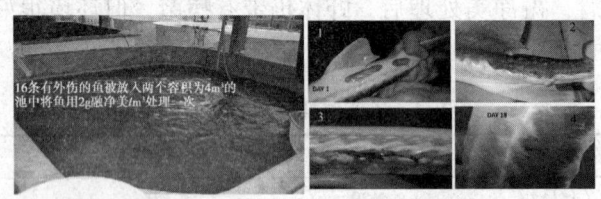

图 2-14　融净美治愈受外伤的鲟鱼
（18 天后，16 条鱼的状况：1 条死亡，11 条伤口完全愈合）

9. 融净美减少饲料，改善饲料系数——安徽黄山案例

安徽黄山鱼药徐老板反映，使用融净美后，鱼不怎么吃食，担心产品对鱼有刺激。菲利普博士（融净美研发者）：如果有益菌正在发挥它们的作用，它们吸收废物，形成细菌组织，帮助形成絮状物，这是鱼类的天然食物。鱼更喜欢吃天然的食物，而不是浓缩的食物，所以这对鱼的生长更好，也为养殖者省钱。

投喂的饲料利用率只有 30% 以下，大多数成为污染，而通过融净美能使饲料再次得到利用，让整个系统变得清洁、健康，充满活力。

10. 融净美安全有效处理水草挂脏——湖北洪湖案例（图 2-15）

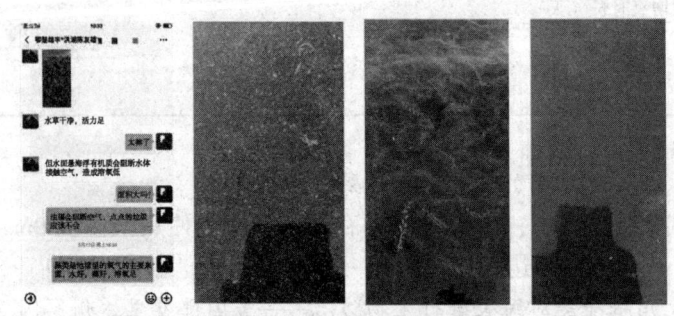

**图 2-15　池塘底部的垃圾被分解上浮使用后
3 天的水色清亮，水草干净**

七、融净美使用过程（图2-16）

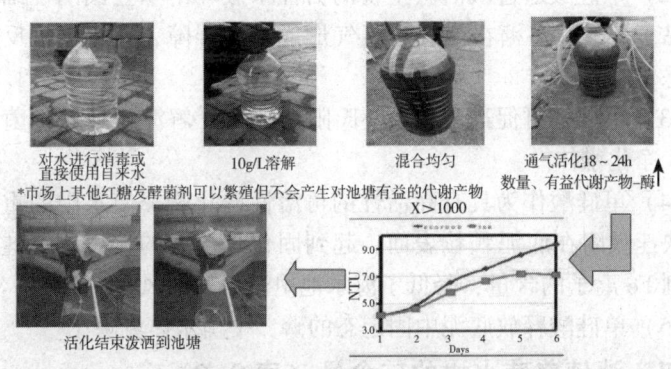

图2-16 融净美使用过程

第二节 细胞能 ECOSIL

一、制剂成分

单硅酸（图2-17）。

二、制剂特点

提升水产动物免疫力，培藻、培水，唯一可以被细胞直接吸收的硅化物；改底，真正修复底质；沉淀重金属，解毒。

与同类产品区别：单硅酸可以直接被吸收利用，补充硅；硅含量高；消除蓝藻，效果持久，不会造成水体中毒；固化重金属效果持久，基本不可逆；不会产生有害物质。

图2-17 细胞能（单硅酸）ECOSIL

三、作用机制

（1）单硅酸可以穿透细胞壁被藻细胞直接吸收，促进藻类合成应激蛋白和过氧化物酶，强化藻类适应外界变化的能力。

（2）单硅酸通过激活微生物的活性来破坏由革兰氏阴性细菌产生的黏多糖，黏多糖在池底对氧气形成物理屏障，导致厌氧反应使底物恶化。

（3）单硅酸可促进水中革兰氏阳性细菌（解淀粉芽孢杆菌）的生长，净化水体。

（4）单硅酸作为具有高活性的可溶性硅化物，使水中的重金属离子快速吸附在底泥颗粒表面，起到固化重金属的作用。单硅酸通过抑制 Fe 离子的含量，降低了海水池甲藻暴发的风险。

（5）单硅酸释放底泥中固定态的磷，平衡水体氮磷比。

四、池塘养殖水中的硅含量（表2-6）

表2-6 进水口与池塘水中硅含量

重复	进水口水中硅含量（mg/kg）	池塘水中的硅含量（mg/kg）
Si-1	14.5	0.11~0.35
Si-2	2.7~2.8	0.3~1.6
Si-3	1.2~1.3	0.3~0.9

从进水口和池塘水中的硅含量数据发现，水中硅含量损失严重，急需补充硅，单硅酸作为唯一可以被细胞直接吸收的硅化物，细胞能可显著提高水体中的硅含量。

五、细胞能功能与作用

（1）细胞能培藻稳藻（图2-18）。

（2）细胞能改善池塘底质（图2-19、图2-20）。

（3）细胞能固化重金属（图2-21）。

细胞能固化重金属与解磷反应（图2-22）：

$$CaHPO_4 + Si(OH)_4 = CaSiO_3 + H_2O + H_3PO_4$$

$$2Al(H_2PO_4)_3 + 2Si(OH)_4 + 5H^+ = Al_2Si_2O_5 + 5H_3PO_4 + 5H_2O$$

$$2FePO_4 + Si(OH)_4 + 2H^+ = Fe_2SiO_4 + 2H_3PO_4$$

第二章 环境修复营养促健与病害防控技术

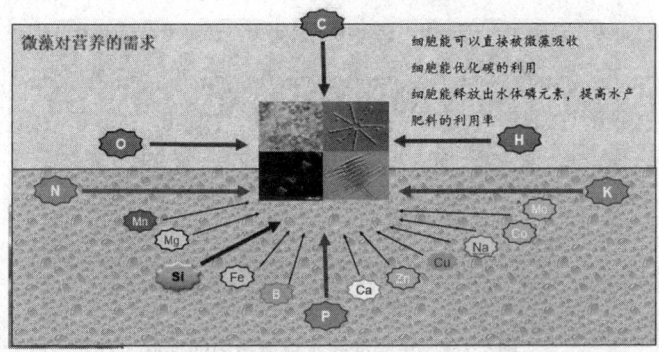

图 2-18 细胞能（单硅酸）功能与作用

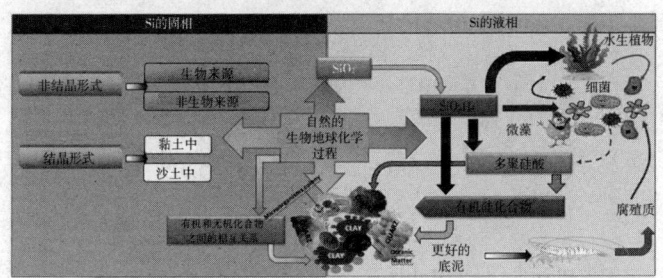

图 2-19 池塘底泥中的硅相

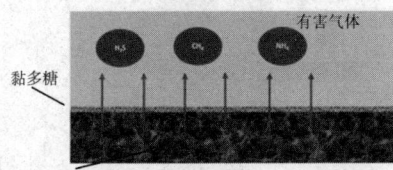

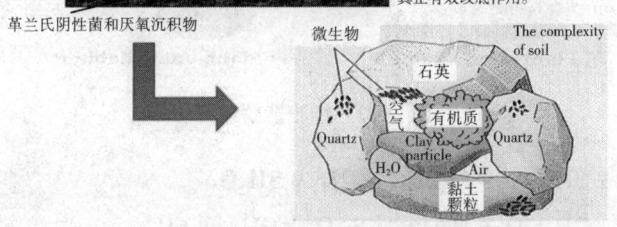

图 2-20 细胞能改善池塘底质

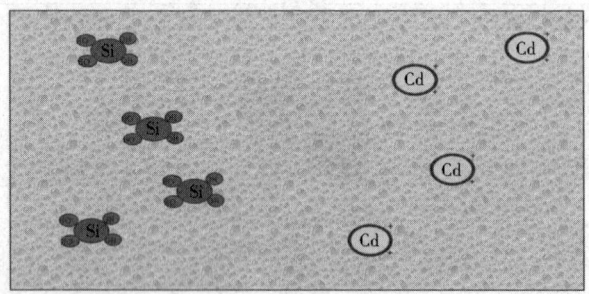

图 2-21 单硅酸在水或溶液中的反应

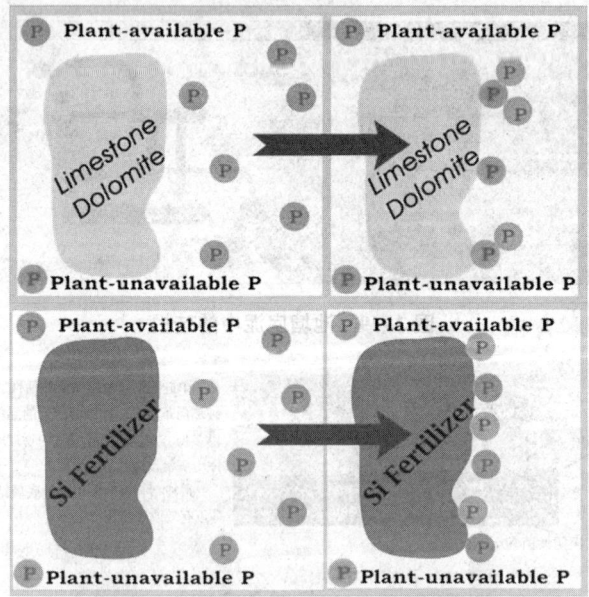

图 2-22 细胞能解磷

$$2Al^{3+} + 2H_4SiO_4 = Al_2Si_2O_5 + 2H^+ + 3H_2O$$
$$2Al^{3+} + 2H_4SiO_4 + H_2O = Al_2Si_2O_5(OH)_4 + 6H^+$$
$$2Fe^{2+} + 2H_4SiO_4 = Fe_2SiO_4 + 4H^+$$

$Mn^{2+} + 2H_4SiO_4 = MnSiO_3 + 2H^+ + H_2O$

$2Mn^{2+} + H_4SiO_4 = Mn_2SiO_4 + 4H^+$

$2Zn^{2+} + H_4SiO_4 = ZnSiO_4 + 4H^+$

$2Pb^{2+} + H_4SiO_4 = PbSiO_4 + 4H^+$

六、应用案例

(1) 安全高效抑制裸甲藻（红水）（图2-23至图2-25）。

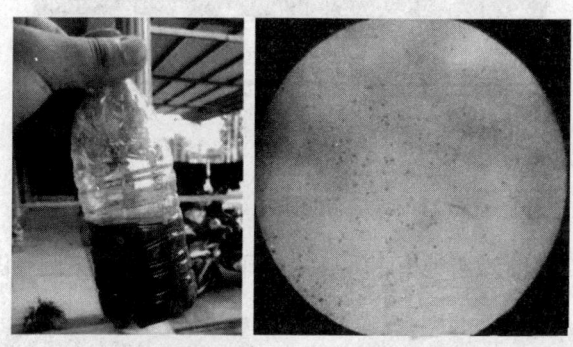

图2-23 使用前水质的镜检——裸甲藻

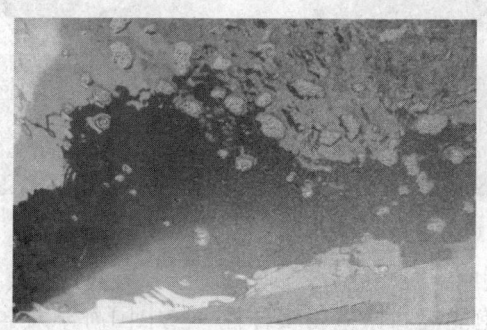

图2-24 使用48h后，池塘水色转为茶褐色

细胞能通过抑制Fe离子的含量，降低了甲藻暴发的风险。

检测单位：通标标准技术服务（上海）有限公司

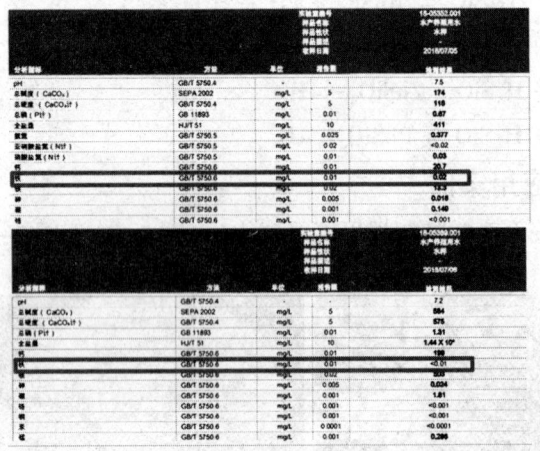

图 2-25　细胞能抑制 Fe 离子的含量

（2）细胞能改善池塘底质——美国加利福尼亚州案例（图 2-26）。

图 2-26　细胞能改善池塘底质

（3）细胞能提高微生物多样性——中国海洋大学检测（图 2-27）。从 DGGE 电泳图和如东鱼塘使用效果可以看出，使用细胞能后，微生物多样性显著增加。

（4）细胞能使池塘生物达到生态平衡（图 2-28）。

（5）细胞能提高虾的产量——如东案例（表 2-7）。

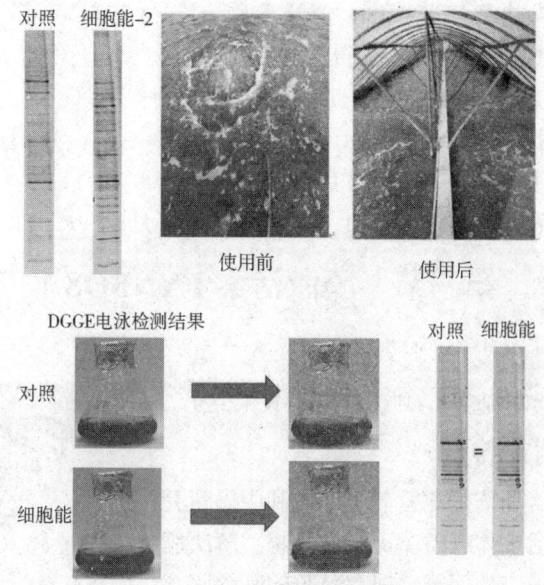

图 2-27 细胞能提高微生物多样性

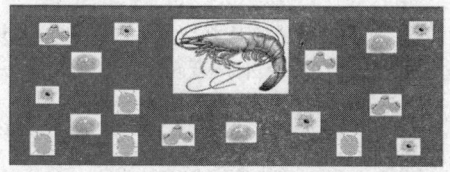

图 2-28 细胞能使池塘生物达到生态平衡

表 2-7 细胞能提高虾的产量

处理	头(kg)	存活率(%)	产量(kg/亩)	总收益(元/亩)	与对照相比		
					kg	%	效益
对照	100	77	260	11 000			
细胞能	60	92	644	36 064	384	248	25 064

七、使用方法

方法：稀释100倍，泼洒到池塘表面。

用量：

前期清塘：200mL/亩。

外塘养殖：60~70mL/（亩·月）。

工厂化高密度养殖：150~200mL/（亩·月）。

第三节　藻激活素FYNBOS

一、制剂成分

植物源生物刺激质、中微量元素（图2-29）。

二、制剂特点

补充藻类所需的非营养类物质和中微量元素；快速激活水体有益藻类和微生物；解决肥水中藻类的适应性问题；提高藻类的叶绿素含量，促进光合作用，加快藻类细胞增殖；提高藻类对逆境环境的抵抗力，稳定藻相，防治倒藻；低温培水，高温稳水；吸收利用快。

与同类产品区别：低光照条件下进行光合作用，增加藻类生长水层。

图2-29　藻激活素FYNBOS

三、作用机制

1. 德国ComCat®技术

德国ComCat®技术是德国科学家依据自然界奇妙的"植物化感"和生态生化学原理，历时30年研究开发的，是一种新型复合平衡植物强壮调节剂。

（1）信号。激发藻类产生形态学、生理学和基因水平上的响应。

（2）基因。基因控制藻类的生长反应，以及在环境胁迫条件下的自然防御机制。

（3）蛋白/酶。激活的基因进行藻类调节，促进长势、新陈代谢和逆境条件下的抗性增加。

(4) 逆境信号。面对逆境时，生物刺激物质激发藻类作出自然防御。

2. 南非 CoatGro™ 生物包裹技术。

南非 CoatGro™ 是一种生物聚合物黏合剂，将生物刺激素与中微量元素结合，并提高营养的吸收效率。

四、应用案例——江苏如东，2018 年 2—3 月（图 2-30）

图 2-30　使用藻激活素后，水色明显变化

五、使用方法

用法：水溶泼洒。

用量：

工厂化养殖：建议 300mg/m³，每周 1~2 次。

土池养殖：3~5 亩/袋，首次剂量加倍。

第四节　草乐兹 AQUACAT

一、制剂成分

植物源生物刺激质、单硅酸（图 2-31）。

图 2-31　草乐兹 AQUACAT

二、制剂特点

壮根、防烂根、浮根,低温培草,高温稳草;激活水生植物,提高营养吸收利用率;强健水草根茎,使池塘水草根须密长,茎部粗壮,减少烂根,降低浮根,保持水草活力;高温、天气突变前使用增强水草抗性,减少应激。

三、应用技术

德国 ComCat® 生物技术。

四、应用案例——江苏如东,2018年(图2-32)

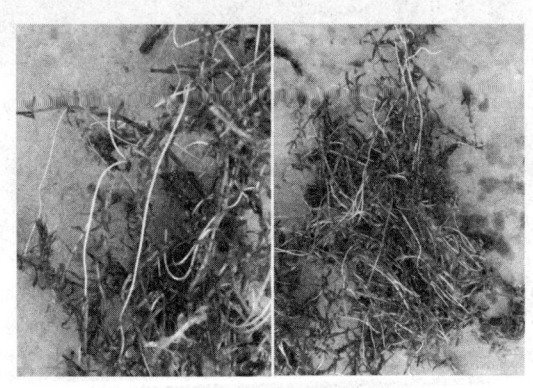

图 2-32　强健水草根茎

五、使用方法

每包使用 5~8 亩,每 15 天使用 1 次,将本品对水稀释后针对有水草区域集中泼洒。

草种的拌种,1kg 种子使用本品 10g。

使用不受天气影响,视具体情况酌情调整使用剂量。

第五节　多融 AQUAGRO

一、制剂成分

卵磷脂、维生素 E(图 2-33)。

二、制剂特点

提供营养；提高饲料转化率、降低饲料系数；提高幼苗的成活率、增强抗病力；包裹各种水溶性和脂溶性物质；提高利用率；味道清香、诱食剂。

三、作用机制

（1）包裹。利用磷脂双层膜的特性，可包裹各种水溶性和脂溶性物质，可以完全替代黏合剂，适用中草药、有益菌、多维多矿的包裹，提高利用率。

（2）促吸收。卵磷脂具有优异的生理活性和表面活性作用，可起乳化、润湿、分散及表面活性作用，提供胆胺、磷、肌醇、胆碱及脂肪酸等营养，提高饲料能量、营养价值和转化率，降低饲料系数；有助于动物对油脂和脂溶性维生素的消化吸收；提高幼苗的成活率，增强抗病力。

图 2-33　多融 AQUAGRO

（3）抗应激。大豆磷脂增强水产动物对环境适应能力（图2-34）。

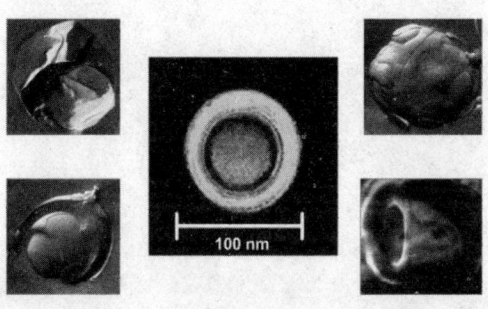

图 2-34　多融卵磷脂作为运输泡囊

多融由微小/纳米卵磷脂作为运输泡囊,可以包裹不同的活性物质,快速运输通过跨膜进入到细胞内,随着泡囊的代谢,活性成分被释放。

四、应用案例——唐山

多融可提高苗期抗应激能力、加速硬壳(表2-8)。

表2-8 唐山鸿通水产——白对虾标粗对比

对照组	使用组
维生素C+Ca	维生素C+Ca+多融(化水混合)
$30m^3$ 的育苗池	$30m^3$ 添加多融5mL
换1次水1.5h(先排后加)	换1次水1.5h(先排后加)
同样方式处理 皆加水时就使用	同样方式处理 皆加水时就使用
加好水后,虾苗需要2~3h恢复活力,苗损耗大	加好水后,虾苗活力就得到恢复,苗的损耗可以忽略

五、使用方法

每15kg水加入3~9mL多融(1~3袋),建议在当地渔业技术人员指导下与饲料、肥料、药品混合使用。

第三章 科学用药与病害防治技术

第一节 水质与病害发生的关系

识水性,了解水中主要化学因子的变化规律,从而加强水质管理趋利避害。

一、COD 值的变化规律

化学需氧量(COD)是指 1L 水中还原物质在一定条件下被氧化时所消耗氧的毫克数。它是水体监测项目之一。COD 值过低会影响水产品的生物量,过高则会带来水体的富营养化,使水质变坏。各国渔业用水对 COD 的规定范围有所不同,一般在 3~5mg/L。也有的高产池塘将 COD 值控制在 10mg/L 左右。

池水中还原性物质的来源主要是饵料、排泄物、藻类及死鱼虾的分解产物。在 COD 浓度高的鱼虾池中,鱼虾死亡率显著提高,而鱼虾体内红细胞吞噬能力明显降低。因为鱼虾防御系统的作用是靠血细胞来完成的,当鱼虾患病时,其血淋巴中血细胞数量显著减少。因此,COD 值的高低是衡量水质状况和对鱼虾健康与否的重要指标之一。

二、亚硝酸盐的变化规律

硝态氮、亚硝态氮、氨氮总称三态氮,它们在水中可通过硝化与反硝化过程互相转化。亚硝态氮是三态氮中不稳定的中间形式,对鱼虾具有很强的毒性。溶氧充足时,经有益微生物硝化作用可转化为无毒的硝态氮,在缺氧条件下则经反硝化作用,又可能转化为毒性更强的氨氮。

三、pH 值的变化规律

鱼虾池中 pH 值的变化主要受下列因素影响:浮游植物在光合作

用时,吸收水中的二氧化碳和氮营养物质,合成有机物,同时释放出氧气,使pH值升高;而鱼虾、浮游动物和植物消耗氧气,排出二氧化碳,使pH值降低;鱼虾代谢物、残饵和底泥中其他有机物在氧化分解过程中产生有机酸,降低水中的pH值。鱼虾池中pH值的变化是以上3个过程的矛盾统一体。pH值反映的是有机污染程度和CO_2的含量,在人工养殖过程中,pH值最好控制在7.9~8.6。pH值升高至9以上时,则会使水中分子NH_3含量比例增高。pH值降到7.8以下,则预示着H_2S和DO含量可能超过了临界值。

四、H_2S浓度的变化规律

H_2S对水生物有很强的毒性,含量高时可直接造成对鱼虾死亡。因此,H_2S也是衡量鱼虾池水质的主要指标。pH值影响硫化物的毒性,pH值下降时,H_2S增多,毒性也随之增强。《渔业水质标准》规定水体的硫化物含量不得超过0.2mg/L。也就是说,pH值为7时,H_2S含量不得超过0.1mg/L。

五、水质恶化的改良

可泼洒融净美每月使用10次,48mg/(m^3·次);芽孢杆菌粉[250g/(亩·m)]、光合菌[1L/(亩·m)]、益生菌[2L/(亩·m)];水质保护解毒剂[1~2kg/(亩·m)];速效增氧剂[500~800g/(亩·m)]。

第二节 影响药物作用的因素

(一)渔药作用的自身因素

(1)渔药的理化性质和化学结构。

(2)量效关系。药物达到一定的剂量才能产生效应。

(3)制作工艺。药物的纯度、均匀度、填充剂、赋形剂及工艺流程。

(4)剂型。

(5)给药的途径、时间、次数。

(二) 环境对渔药的作用

（1）水温。水温的变化会影响药物的代谢速度和药效。有学者认为，温度每升高10℃，药物毒性会增加2~3倍。

（2）pH值。氢离子的浓度主要取决于$CO_2（H_2CO_3）-HCO_3^- - CO_3^{2-}$体系成分之间的对比关系。池水中的pH值除了改变细菌的电荷外，还对大多数药物的药效有影响，大多数药物在碱性水中药性减弱。

（3）水的硬度。Ca^{2+}、Mg^{2+}和其他二价以上的金属离子如Fe^{3+}、Al^{3+}构成硬度，一般硬水会降低药效。

（4）溶解氧。氧气溶解于水中成为溶解氧（DO），水体中溶解氧越低，药物对鱼类的毒性越大。

（5）池水中有机物的含量。不少药物会与水中有机物发生反应，因此在肥水池中用药量应适当提高，否则会影响疗效。

（6）水的盐度。在盐度较高的海水中使用药物，应注意其毒性和药效的变化。

第三节 渔药的使用准则

坚持"全面预防，积极治疗"的方针，强调"以防为主、防重于治，防、治结合"的原则。

严禁使用未取得兽药GMP证书、生产许可证、批准文号的渔药。

在水产动物病害防治中，推广使用高效、低毒、低残留渔药，建议使用生物渔药、生物制品。

病害发生时应对症用药。

食用水产品上市前，应有休药期。

水产饲料中药物的添加应符合无公害食品渔用配合饲料安全限量。

为了避免产生耐药性（抗药性），应交替使用同功用不同成分的药物。

注意用药配伍。

注意受药动物对药物的敏感性。

注意利用联合用药的协同、累加作用，防止颉颃作用。

第四节　微生态制剂在水产养殖中的应用概述

（一）水环境保护需要微生态制剂

当前，人们普遍关注食品安全和环境保护问题，以致政府环境保护部门、水利部门对湖泊、水库水体投入品（鱼药、肥料）加以限制。传统农用有机肥料、化学肥料对水产养殖业的发展做出了不可磨灭的贡献，但是其引发的鱼类病害和水环境污染也是显而易见的。笔者认为应区别对待水体投入品，要把微生态制剂和以益生素为主要成分的生物鱼肥与传统农用有机肥料、化学肥料区别开来。微生态制剂，作为一种新的生物技术产品，具有无毒、无副作用、改良水环境，促进动物生长，提高饲料转化率，预防和减少了水产动物疾病的发生，替代抗生素和传统农用有机肥料、化学肥料之优点，日益显示出强大的生命力，在水产养殖中应大力推广。为了使人们对微生态制剂（益生素）的安全性及诸多优点产生共识，在此作必要的概述。

（二）微生态制剂的应用概况

20世纪40年代末学者们第一次发现了抗生素对畜禽生长具有促进作用，从而开创了抗生素作为饲料添加剂的一个时代，在这个时代里，人们广泛使用亚治疗剂量抗生素及其他化学药物用作饲料添加剂量，促进动物的生长或预防病原菌感染、疾病的发生，从而提高畜禽产量，对饲料工业及畜牧业的发展做出了不可磨灭的贡献。

但是抗生素的滥用引起了动物内源性感染或二重感染、耐药菌株的产生，畜禽细胞免疫、体液免疫功能下降，破坏正常生态菌群的生态平衡以及它们在畜、禽产品中的残留，特别是畜产品中的药物残留可导致人类 DNA 结构的改变，从而造成致残、致畸、致癌的严重后果，而杀菌药物则可通过 R 因子转移使耐药性扩散，造成大面积污染，对人类构成潜在威胁。

20 世纪 60—70 年代，益生菌制品才真正被重视并应用于养殖业。微生态制剂和以益生素为主要成分的生物鱼肥因其优良特性而成为抗生素和传统农用有机肥料、化学肥料等较为理想的替代品。它具有保健、促生长、无副作用、不污染水环境特点,是真正的绿色添加剂、水质改良剂、培藻剂。

(三) 微生态制剂的种类

微生态制剂是利用动物体内正常微生物及其代谢产物经特殊加工工艺而制成的制剂,它具有补充、调整或维持动物肠道内微态平衡,达到防治疾病、促进健康提高生产的目的。广义地说,微生态制剂既包括正常微生物成员,尤其是优势种群的活菌制剂即益生素,又包括一些能促进正常微生物生长繁殖的物质所制备的制剂,其能产生一定的生物效应或生长态效应。

1. 乳酸菌

乳酸菌是一类可分解糖类产生乳酸的革兰氏阳性菌,厌氧或微需氧,pH值为3.0~4.5时仍可生长繁殖。目前,用于微生态制剂的主要是乳杆菌、粪链球菌,该类菌不耐高温。经80℃处理5min,失活率达70%~80%,但耐酸性较强,对胃内的酸性环境有一定的耐受性。乳酸菌大都能在肠道内定植,合成维生素,分泌消化酶类,辅助食物消化,促进营养物质吸收,克服腐败过程,降低宿主血胆固醇,增强宿主对乳酸的耐力。

2. 双歧杆菌

双歧杆菌为革兰氏阳性厌氧菌,最适生长温度37~50℃或pH值8.0~8.5不生长。该菌对葡萄糖的代谢可归属于异型发酵,与其他乳酸细菌不同,目前,应用较广泛的有双叉双歧杆菌、长双歧杆菌、短双歧杆菌。大量研究证明,双歧杆菌具有维持肠道菌群平衡,治疗肠道功能紊乱,抗肿瘤和免疫调节功能,能减少内毒素的产生,延缓机体衰老。

3. 芽孢杆菌

芽孢杆菌属于需氧芽孢杆菌中的小致病菌,以内孢子的形式少量存在于动物肠道中,目前应用的主要有地衣芽孢杆菌、枯草芽孢杆菌、蜡样芽孢杆菌。该类菌具有耐高温、耐酸碱、耐高压特性。

芽孢杆菌在肠道中主要是通过生物夺氧维持肠道生态平衡，它在肠道短时间定植后，可以消耗大量的氧气维持肠道厌氧环境增强肠道对厌氧菌的定植力。该菌在肠道中将淀粉转化为单糖，再由肠道中其他的菌种将这些单糖转化为乳酸，降低肠道 pH 值，从而起到抑制病原菌的作用。

4. 酵母菌

动物肠道中酵母菌的数量较少，但可发挥一定的生理功能。目前应用的酵母菌，主要有假毕酵母、红色酵母、酿酒酵母和啤酒酵母。酵母细胞富含蛋白质、核酸、维生素等营养成分；适口性好，可促进采食，提高消化吸收率，改善肠道微生态环境，调节动物机休免疫功能，增强抗病力，可直接和肠道病原体结合，中和肠道毒素。

5. 反硝化细菌

菌株反硝化能力强，以亚硝态氮和硝态氮作氮源，繁殖迅速，作用效果显著。针对养殖水体亚硝酸盐偏高的情况有特效；针对藻类过度繁殖的水体能够大量消耗氮素营养，切断藻类氮素营养，维护良好水色；菌株在溶氧充足及厌氧条件下均可生存并进行反硝化反应，能够优化底质微生态环境，还原水体中的亚硝酸盐，使之生成无害的氮气，解除亚硝酸盐的危害；消耗氮素营养，净化水体；竞争性抑制致病菌在养殖水域生长和繁殖；改良底质；促进对虾、鱼类健康。

6. 硝化细菌

硝化细菌属于自营养性、好气性细菌，在水中参与氮的各种形态的转化。亚硝化菌把氨离子氧化成为亚硝酸离子，并获得能量。而硝化杆菌把亚硝酸离子氧化成硝酸离子，并获得能量。亚硝化菌和硝化杆菌因不同的代谢方式，把有毒的氨离子氧化成为亚硝酸离子，再氧化成无毒的硝酸离子，达到净化水体、改良水质、促进对虾、鱼类健康的目的。

7. 光合细菌或融净美

光合细菌或融净美在生长繁殖中利用有机酸、氨硫化氢、烷基、低分子有机物作为碳源和供氢体行光合作用，同时降解和清除水体环境中的过量有机物和有害物质，防止水体富营养化，提高水体溶解氧量，净化水质。此外，光合细菌或融净美富含维生素、蛋白质，营养价值高可作为饲料添加剂防治鱼病。

8. 蛭弧菌

蛭弧菌是寄生于其他细菌细胞内并能使其裂解的一类细菌，蛭弧菌整个生活周期约为4h，分为识别、侵染、穿入、生长、裂解、释放子代蛭弧菌。蛭弧菌对动物是不致病的，对引起鱼虾疾病的嗜水气单胞菌、副溶血弧菌、鳗弧菌、溶藻弧菌，可有效地清除，从而净化水体、降低鱼虾染病率和控制病害发生。

（四）有益微生物作用机理

有益微生物的作用主要包括4个方面：一是抑制有害微生物的生长繁殖，如产生抗菌物质、与有害细菌竞争养分和附着部位。二是通过提高和降低酶活性，改变有害微生物的代谢。三是刺激免疫系统，提高细胞活性和抗体水平，从而有助于动物对抗有害微生物。四是有益微生物在水环境的碳、氮、磷、硫循环系统中，促进它们在生态链中转化，分解有机物，消除有害物质-NH_3、NO_2^-、H_2S和过量的N、P，可有效地降低了水体中的化学需氧量和生物耗氧量，保持了水环境的动态平衡，抑制了有害微生物的繁殖，净化了水质，预防和减少了水产动物疾病的发生，提高鱼虾成活率，促进生长。

1. 调整肠道菌群平衡

畜禽肠道内重量生理菌群是在长期进化过程中形成的，并与畜禽保持相对稳定的平衡状态，对畜禽生长发育、抵抗疾病具有重要意义。正常情况下，动物肠道微生物的优势种群以拟杆菌、双歧杆菌、乳酸杆菌厌氧菌为主，占肠道总菌量的99%需氧不足1%。正常菌群一旦失去平衡，会引起消化机能紊乱，动物生长发育受抑制，严重的则可致病。而微生态制剂可使优势种群得到恢复，从而使机体处于正常生理状态。

2. 生物颉颃

研究表明,益生菌通过空间竞争、营养竞争或代谢产生抗生素、有机酸、H_2O物质,有效抑制病原菌,腐败菌在消化道的黏附,预防肠道疾病的发生,减少胺氨细菌毒素、氧自由基有毒物质合成,最终改善机体健康状况。

3. 生物夺氧

一些需氧生物特别是芽孢杆菌能消耗肠道内氧气,形成局部厌氧环境,有利于厌氧菌的生长。有些微生态制剂含有蜡样芽孢杆菌和枯草芽孢杆菌需氧芽孢杆菌,虽然这些菌都不是肠道内菌群的主要成员,在肠道不能长期定植。但能迅速消耗氧气,降低pH值,促进乳酸杆菌和双歧杆菌的生长。

4. 调节免疫功能

研究证明,外籍菌群的免疫激活作用优于原籍菌,当外籍益生菌侵入动物肠道后可诱导宿主产生抗体和致敏的免疫活性细胞。主要通过水化肠黏膜内相关淋巴组织,命名SIgA抗体分泌增加,提高机体免疫力,诱导T、B细胞和巨噬细胞产生细胞因子。通过淋巴细胞再循环而替代活化全身免疫系统,使机体免疫力提高,研究发现,嗜热链球菌和嗜酸乳杆菌能明显提高巨噬细胞的活性,增强动物黏膜的免疫反应,促进肠道免疫球蛋白的分泌。

5. 促进消化吸收,提高饲料转化率

益生菌进入消化道后,可代谢产生乳酸、乙酸有机酸以及水解酶、发酵酶和呼吸酶。这些物质可刺激肠道蠕动,促进蛋白质、脂肪和复杂碳水化合物物质的消化与吸收。

益生菌合成的多种维生素,如叶酸、泛酸、核黄素、维生素B_1、维生素B_2可提高铁、钙矿质元素的吸收和机体构成成分的合成,使生产性能提高。

6. 改善水体环境

微生态制剂指含有枯草芽孢杆菌、沼泽假红单胞菌、硝化菌、反硝化菌、酵母菌菌中的一种以上的菌种。

微生态制剂是采用科学筛选培养的优势菌种，经过先进的加工工艺生产而成的有益微生物复合制剂，能够快速清除养殖水体中的有机污物及氨氮、硫化氢、亚硝酸盐等有害物质，改善水池底质及水质，使水体清爽，不腐不臭，抑制有害菌类的繁殖，促进有益藻类快速生长，改良鱼、虾、蟹、鳖水生养殖生物生活环境，加快鱼类生长，减少疾病感染。

第五节　鱼类疾病防治经验处方

各类名优鱼类疾病的防治可参照以下相关处方。

一、病毒性疾病

（一）病毒性出血病

1. 病原

病毒。

2. 危害

各类水生养殖动物，在水温25℃以上流行。

3. 症状

体表、肌肉或内脏器官不同程度地出现斑点片状出血，严重时肌肉全部发红，鳃出血或苍白色，有时有腹水、肠道充血、糜烂、无食物。

4. 防治

（1）预防用方。

处方1　芽孢杆菌粉，内服，每1kg饲料添加2~3g；芽孢杆菌粉，外用，10~20倍水浸泡2~5h，1次量，每1m³水体，0.25~0.3g全池泼洒，晴天上午施用效果最佳，每月使用2~4次。

处方2　乳酸菌，内服，每1kg饲料添加20~30mL；乳酸菌，外用，1 000mL加0.2~0.3kg砂糖或煮熟的米糠（花生麸、豆粕）汁1~2kg，再加10kg水拌匀，密封塑料桶内发酵1~2天，1次量，每1m³水体，1.5~3mL全池泼洒，每月2~3次。

处方3　光合菌，外用，1次量，每1m³水体，3~3.5mL全池泼洒；光合菌，内服，每1kg添加5~10mL。

（2）治疗用方。

处方1　第一天，水质保护解毒剂，1次量，每1m³水体，1~1.5g全池泼洒；第二天，毒克（二氧化氯），1次量，每1m³水体，0.25~0.3g全池泼洒；同时，出血宁（甲砜霉素粉），每1kg饲料添加7g拌饵投喂，1日2~3次，连用5~7天。

处方2　第一天，水质保护解毒剂，1次量，每1m³水体，1~1.5g全池泼洒；第二天，鱼安（溴氯海因粉），1次量，每1m³水体，0.125~0.167g全池泼洒；同时，恩诺沙星粉（每1kg饲料添加4g）+保肝宁（每1kg饲料添加3~6g）+三黄散（每1kg饲料添加5g），3种药物同时混合拌饵，1日2~3次，连用5~7天。

处方3　第一天，水质保护解毒剂，1次量，每1m³水体，1~1.5g全池泼洒；第二天，聚维酮碘溶液，1次量，每1m³水体，0.45~0.75mL全池泼洒；同时，氟苯尼考粉（每1kg饲料添加2~3g）+保肝宁（每1kg饲料添加3~6g）+菌毒克（每1kg饲料添加4g），3种药物同时混合拌饵，1日2~3次，连用5~7天。

（二）痘疮病

1. 病原

水质恶化的氨氮含量高的水中易发此病，病原为疱疹病毒。

2. 危害

主要危害大小不同的鲤鱼和金鱼、鲈鱼。水温低于10℃时，病情发展缓慢，危害小。水温高于18℃时，该病消失。水温为12~15℃的冬末春初时是痘疮病发病的高峰期。

3. 症状

在鳞片周围出现白色黏液，像石蜡一样的块状。这个增生物不断增生、加厚，范围不断扩大，直到布满全身，最后鱼体消瘦而死。

4. 防治

（1）预防用方。

处方1 鱼虫杀星（精制马拉硫磷溶液），1次量，每1m³水体，0.03~0.05 mL全池泼洒，20~25日1次。

处方2 氟苯尼考粉（每1kg饲料添加2~3g）+（每1kg饲料添加3~6g）+菌毒克（每1kg饲料添加4g），3种药物同时混合使用，1日1~2次，连用3~5天，每10~15天1个疗程。

（2）治疗用方。

处方1 聚维酮碘溶液，1次量，每1m³水体，0.45~0.75mL全池泼洒。同时内服，氟苯尼考粉（每1kg饲料添加2~3g）+鱼用ABC（每1kg饲料添加5g）+菌毒克（每1kg饲料添加4g），3种药物同时混合使用，1日2~3次，连用5~7天。

处方2 菌净（戊二醛溶液），1次量，每1m³水体，0.1~0.12mL全池泼洒。同时内服，恩诺沙星粉（每1kg饲料添加4g）+保肝宁（每1kg饲料添加3~6g）+三黄散（每1kg饲料添加5g），3种药物同时混合拌饵，1日2~3次，连用5~7天。

二、细菌性疾病

（一）烂鳃病

1. 病原

柱状嗜纤维杆菌。

2. 危害

青鱼、草鱼为主，鲢、鳙、鲤、鳗也有感染。终年可见，4—11月流行，6月和9月为发病高峰期。

3. 症状

病鱼体色发黑，呼吸困难，鳃部黏液增多并附着污物，鳃丝肿胀，严重时鳃丝腐烂，软骨外露，鳃盖内表皮腐烂后形成"开天窗"。

4. 防治

（1）预防用方。

处方1 芽孢杆菌粉，内服，每1kg饲料添加2~3g；芽孢杆菌粉，外用，10~20倍水浸泡2~5h，1次量，每1m³水体，0.25~0.3g

全池泼洒,晴天上午施用效果最佳,每月使用 2~4 次。

处方 2 乳酸菌,内服,每 1kg 饲料添加 20~30mL;乳酸菌,外用,1 000mL 加 0.2~0.3kg 砂糖或煮熟的米糠(花生麸、豆粕)汁 1~2kg,再加 10kg 水拌匀,密封塑料桶内发酵 1~2 天,1 次量,每 1m³ 水体,1.5~3mL 全池泼洒,每月 2~3 次。

(2) 治疗用方。

处方 1 第一天,水质保护解毒剂,1 次量,每 1m³ 水体,1~1.5g 全池泼洒;第二天,毒克(二氧化氯),1 次量,每 1m³ 水体,0.25~0.3g 全池泼洒;同时内服,出血宁(甲砜霉素粉)(每 1kg 饲料添加 7g)+保肝宁(每 1kg 饲料添加 3~6g)+三黄散(每 1kg 饲料添加 5g),3 种药物同时拌饵投喂,1 日 2~3 次,连用 3~5 天。

处方 2 第一天,水质保护解毒剂,1 次量,每 1m³ 水体,1~1.5g 全池泼洒;第二天,氯宝,1 次量,每 1m³ 水体,0.09~0.135g 全池泼洒,隔天再用 1 次;同时内服,氟苯尼考粉(每 1kg 饲料添加 2~3g)+保肝宁(每 1kg 饲料添加 3~6g)+三黄散(每 1kg 饲料添加 5g),3 种药物同时拌饵投喂,1 日 2~3 次,连用 3~5 天。

处方 3 第一天,水质保护解毒剂,1 次量,每 1m³ 水体,1~1.5g 全池泼洒;第二天,聚维酮碘溶液,1 次量,每 1m³ 水体,0.45~0.75mL 全池泼洒;同时内服,败血宁(诺黄散)(每 1kg 饲料添加 20g)+保肝宁(每 1kg 饲料添加 3~6g),两种药物同时拌饵投喂,1 日 1~2 次,连用 5~7 天。

(二) 肠炎病

1. 病原

嗜水气单胞杆菌。

2. 危害

草鱼、青鱼,其他吃食性鱼类在投饵不当时也可能发生。流行于 3—10 月。

3. 症状

发病初期鱼头部的色素逐渐加深直至呈黑色,离群缓慢独游,腹部膨大，鳞片易脱落，肛门及肠管充血红肿，轻压腹部有黄色黏液或脓血流出。

4. 防治

（1）预防用方。

处方1 芽孢杆菌粉，内服，每1kg饲料添加2~3g；芽孢杆菌粉，外用，10~20倍水浸泡2~5h，1次量，每1m³水体，0.25~0.3g全池泼洒，晴天上午施用效果最佳，每月使用2~4次，。

处方2 乳酸菌，内服，每1kg饲料添加20~30mL；乳酸菌，外用，1 000mL加0.2~0.3kg砂糖或煮熟的米糠（花生麸、豆粕）汁1~2kg，再加10kg水拌匀，密封塑料桶内发酵1~2天，1次量，每1m³水体，1.5~3mL全池泼洒，每月2~3次。

（2）治疗用方。

处方1 毒克（二氧化氯），1次量，每1m³水体，0.25~0.3g全池泼洒；同时内服，出血宁（甲砜霉素粉）（每1kg饲料添加7g）+保肝宁（每1kg饲料添加3~6g）+三黄散（每1kg饲料添加5g），3种药物同时拌饵投喂，1日2~3次，连用5~7天。

处方2 菌净（戊二醛溶液），1次量，每1m³水体，0.1~0.12g全池泼洒；同时内服，氟苯尼考粉（每1kg饲料添加2~3g）+护肝宁（每1kg饲料添加0.7~1.5g）+菌毒克（每1kg饲料添加4g），3种药物同时拌饵投喂，1日2~3次，连用5~7天。

处方3 鱼安（溴氯海因粉），1次量，每1m³水体，0.125~0.167g全池泼洒；同时内服，恩诺沙星粉（每1kg饲料添加4g）+鱼用ABC(每1kg饲料添加5g）+菌毒克（每1kg饲料添加4g），3种药物同时拌饵投喂，1日2~3次，连用5~7天。

（三）赤皮病

1. 病原

荧光假单胞细菌。

2. 危害

草鱼、青鱼，终年可见。

3. 症状

体表局部或大部分出血,鳍基部充血,鳍末端腐烂。

4. 防治

(1) 预防用方。

处方1　鱼虫杀星(精制马拉硫磷溶液),1次量,每$1m^3$水体,0.03~0.05 mL全池泼洒。隔天,鱼安(溴氯海因粉),1次量,每$1m^3$水体,0.125~0.167g全池泼洒。每20~25天1次。

处方2　车轮虫特杀,1次量,每$1m^3$水体,0.6~0.7g全池泼洒;隔天,毒克(二氧化氯),1次量,每$1m^3$水体,0.25~0.3g全池泼洒。每20~25天1次。

(2) 治疗用方。

处方1　第一天,鱼虫杀星(精制马拉硫磷溶液),1次量,每$1m^3$水体,0.03~0.05 mL全池泼洒;隔天,菌毒杀(苯扎溴铵溶液)(1次量,每$1m^3$水体,0.03~0.035mL)+消毒杀(戊二醛溶液)(1次量,每$1m^3$水体,0.15~0.18mL),先将两种药物在容器中混合搅拌3~5min后再加水稀释全池泼洒;同时内服,恩诺沙星粉(每1kg饲料添加4g)+鱼用ABC(每1kg饲料添加5g)+三黄散(每1kg饲料添加5g),3种药物同时拌饵投喂,1日2~3次,连用5~7天。

处方2　第一天,车轮虫特杀,1次量,每$1m^3$水体,0.6~0.7g全池泼洒;隔天,克菌灵,1次量,每$1m^3$水体,0.3~0.45g全池泼洒;同时内服,1次量,腐皮必克(诺氟沙星粉)(每1kg饲料添加2~2.6g)+保肝宁(每1kg饲料添加3~6g)+菌毒克(每1kg饲料添加4g),3种药物同时拌饵投喂,1日2~3次,连用5~7天。

(四) 细菌性出血病

1. 病原

嗜水气单胞菌、温和气单胞菌、弧菌、鲁克氏耶尔森氏菌。

2. 危害

鲫、鳊、鲂、鲢、鳙、鲛,水温9~36℃时暴发流行。

3. 症状

体内外广泛充血和出血,部分个体眼球突出,腹部膨大,有腹水，肝、脾、肾肿大。

4. 防治

（1）预防用方。

处方1 芽孢杆菌粉，内服，每1kg饲料添加2~3g；芽孢杆菌粉，外用，10~20倍水浸泡2~5h，1次量，每1m³水体，0.25~0.3g全池泼洒，晴天上午施用效果最佳，每月使用2~4次。

处方2 乳酸菌，内服，每1kg饲料添加20~30mL；乳酸菌，外用，1 000mL加0.2~0.3kg砂糖或煮熟的米糠（花生麸、豆粕）汁1~2kg，再加10kg水拌匀，密封塑料桶内发酵1~2天，1次量，每1m³水体，1.5~3mL全池泼洒，每月2~3次。

处方3 光合菌，外用，1次量，每1m³水体，3~3.5 mL全池泼洒；光合菌，内服，每1kg添加5~10g，每月3~4次。

处方4 亚硝酸降解灵，用水浸泡2h后，1次量，0.75~1.5g全池泼洒。同时内服，鱼用ABC，每1kg饲料添加5g，1日1~2次，连用3~5天。

（2）治疗用方。

处方1 第一天，水质保护解毒剂，1次量，每1m³水体，1~1.5g全池泼洒；第二天，鱼虫杀星（精制马拉硫磷溶液）1次量，每1m³水体，0.03~0.05 mL全池泼洒；第三天，菌毒杀（苯扎溴铵溶液）（1次量，每1m³水体，0.03~0.035mL）+消毒杀（戊二醛溶液）（1次量，每1m³水体，0.15~0.18mL），先将两种药物在容器中混合搅拌3~5min后再加水稀释全池泼洒；同时内服，出血宁（甲砜霉素粉）（每1kg饲料添加7g）+鱼用ABC（每1kg饲料添加5g）+三黄散（每1kg饲料添加5g），3种药物同时拌饵投喂，1日2~3次，连用5~7天。

处方2 第一天，水质保护解毒剂，1次量，每1m³水体，1~1.5g全池泼洒；第二天，指环杀星，1次量，每1m³水体，0.1~0.15 mL全池泼洒；第三天，毒克（二氧化氯），1次量，每1m³水体，0.25~0.3g全池泼洒；同时内服，败血宁（诺黄散）（每1kg饲料添加20g）+保肝宁（每1kg饲料添加3~6g），两种药物同时拌饵投喂，1日2~3次，连用5~7天。

处方3 第一天，水质保护解毒剂，1次量，每$1m^3$水体，1~1.5g全池泼洒；第二天，车轮虫特杀，1次量，每$1m^3$水体，0.6~0.7g全池泼洒；第三天，克菌灵，1次量，每$1m^3$水体，0.3~0.4g全池泼洒；同时内服，敌菌（每1kg饲料添加4g）+护肝宁（每1kg饲料添加0.7~1.5g）+杀菌止血散（每1kg饲料添加5~10g），3种药物同时拌饵投喂，1日2~3次，连用5~7天。

(五) 白头白嘴病

1. 病原

细菌。

2. 危害

细菌感染引起鱼苗、夏花的吻端至眼球处的皮肤发白的一种暴发性鱼病，发病快，死亡率高，流行于夏季，一般从5月下旬开始，6月为发病高峰，7月下旬以后就较少见。我国长江和西江流域各养鱼地区都有此病发生，尤以华中、华南地区最为流行。

3. 症状

病鱼自吻端至眼球处一段皮肤色素消退，变成乳白色，唇似肿胀，张闭失灵，因而造成呼吸困难，口周围的皮肤糜烂，有絮状物黏附其上，故在池边观察在水面游动的病鱼，可见"白头白嘴"的症状，但将病鱼拿出水面观察，则往往症状不明显。

4. 防治

(1) 预防用方。

处方1 乳酸菌，内服，每1kg饲料添加20~30mL；乳酸菌，外用，1 000mL加0.2~0.3kg砂糖或煮熟的米糠（花生麸、豆粕）汁1~2kg，再加10kg水拌匀，密封塑料桶内发酵1~2天，1次量，每$1m^3$水体，1.5~3mL全池泼洒，每月2~3次。

处方2 光合菌，外用，1次量，每$1m^3$水体，3~3.5mL全池泼洒；光合菌，内服，每1kg添加5~10g，每月3~4次。

(2) 治疗用方。

处方1 鱼安（溴氯海因粉），1次量，每1m³水体，0.125~0.167g全池泼洒，隔天再用1次，同时内服，腐皮必克（诺氟沙星粉），1次量，每1kg饲料添加2~2.6g，1日1~2次，连用3~5天。

处方2 氯宝，1次量，每1m³水体，0.09~0.135g全池泼洒，隔天再用1次，同时内服，氟苯尼考粉，1次量，每1kg饲料添加2~3g，1日1~2次，连用3~5天。

处方3 克菌灵，1次量，每1m³水体，0.3~0.4g全池泼洒，隔天再用1次，同时内服，氟苯尼考粉，1次量，每1kg饲料添加2~3g，1日1~2次，连用3~5天。

（六）**白皮病**

又称白尾病。

1. 病原

柱状屈桡杆菌。

2. 危害

柱状屈桡杆菌引起鱼苗及鱼种身体后半段发白的疾病。广泛流行于全国各地鱼苗、鱼种池，每年6—8月为流行季节，尤其在夏花分塘前后，因操作不慎，碰伤鱼体，或体表有大量车轮虫原生动物寄生，鱼体受伤，病原菌乘虚而入，暴发流行。主要危害鲢及鳙，草鱼及青鱼有时也有发生，特别是对鱼苗及夏花鱼种危害为大，死亡率高，可达50%以上；病程短，从发病到死亡只有2~3天时间。

3. 症状

发病初期，尾柄处发白；随着病情发展，迅速扩展蔓延，使背鳍基部后面的体表全部发白；严重的病鱼，尾鳍烂掉，或残缺不全。病鱼的头部向下，尾部向上，与水面垂直，时而作挣状游动，时而悬浮于水中，不久病鱼即死亡。

4. 防治

（1）预防用方。

处方1 乳酸菌，内服，每1kg饲料添加20~30mL；乳酸菌，外用，1 000mL加0.2~0.3kg砂糖或煮熟的米糠（花生麸、豆粕）

汁1~2kg，再加10kg水拌匀，密封塑料桶内发酵1~2天，1次量，每1m³水体，1.5~3mL全池泼洒，每月2~3次。

处方2 光合菌，外用，1次量，每1m³水体，3~3.5 mL全池泼洒；光合菌，内服，每1kg添加5~10g，每月3~4次。

（2）治疗用方。

处方1 鱼安（溴氯海因粉），1次量，每1m³水体，0.125~0.167g全池泼洒，隔天再用1次，同时内服，腐皮必克（诺氟沙星粉），1次量，每1kg饲料添加2~2.6g，1日1~2次，连用3~5天。

处方2 毒克（二氧化氯），1次量，每1m³水体，0.25~0.3g全池泼洒，隔天再用1次；同时内服，氟苯尼考粉，1次量，每1kg饲料添加2~3g，1日1~2次，连用3~5天。

处方3 菌毒杀（苯扎溴铵溶液）（1次量，每1m³水体，0.03~0.035mL）+消毒杀（戊二醛溶液）（1次量，每1m³水体，0.15~0.18mL），先将两种药物在容器中混合搅拌3~5min后再加水稀释全池泼洒，隔天再用1次；同时内服，恩诺沙星粉，1次量，每1kg饲料添加4g，1日1~2次，连用3~5天。

（七）打印病

1. 病原

嗜水气单胞菌、温和气单胞菌。

2. 危害

鲢、鳙鱼种及成鱼，同池的草鱼也有轻度感染。四季皆有发生，以夏、秋两季较常见。

3. 症状

在尾鳍或肛门两侧出现圆形的红斑。随着病情的加重，病灶处鳞片脱落，表皮腐烂。

4. 防治

（1）预防用方。

处方1 芽孢杆菌粉，内服，1次量，每1kg饲料添加2~3g；芽孢杆菌粉，外用，10~20倍水浸泡2~5h，1次量，每1m³水体，

0.25~0.3g全池泼洒,晴天上午施用效果最佳,每月使用2~4次。

处方2　乳酸菌,内服,1次量,每1kg饲料添加20~30mL;乳酸菌,外用,1 000mL加0.2~0.3kg砂糖或煮熟的米糠(花生麸、豆粕)汁1~2kg,再加10kg水拌匀,密封塑料桶内发酵1~2天,1次量,每1m^3水体,1.5~3mL全池泼洒,每月2~3次。

处方3　光合菌,外用,1次量,每1m^3水体,3~3.5 mL全池泼洒;光合菌,内服,每1kg添加5~10g,每月3~4次。

(2) 治疗用方。

处方1　第一天,水质保护解毒剂,1次量,每1m^3水体,1~1.5g全池泼洒;第二天,鱼虫杀星(精制马拉硫磷溶液),1次量,每1m^3水体,0.03~0.05 mL全池泼洒;第三天,氯宝,1次量,每1m^3水体,0.09~0.135g全池泼洒,连用两次。

处方2　第一天,水质保护解毒剂,1次量,每1m^3水体,1~1.5g全池泼洒;第二天,氯氰菊酯溶液,1次量,每1m^3水体,0.02~0.03 mL全池泼洒;第三天,克菌灵,1次量,每1m^3水体,0.3~0.4g全池泼洒,连用2次。

(八) 疖疮病

1. 病原

嗜水气单胞细菌。

2. 危害

鲤、鲫。常年可见,夏、秋季较严重。

3. 症状

病灶处鳞片覆盖完好,皮下肌肉隆起,手摸有浮肿感,切开病灶有血脓流出。

4. 防治

(1) 预防用方。

处方1　鱼种下塘前,聚维酮碘溶液,1次量,每1m^3水体,4.5~7.5g药浴20~30min。

处方2　流行季节,在食场周围用"氯宝"或"克菌灵"挂篓。

(2) 治疗用方。

处方1 聚维酮碘溶液，1次量，每 $1m^3$ 水体，0.45~0.75g 全池泼洒，隔天再用1次；同时内服，1次量，败血宁（诺黄散）（每1kg饲料添加20g）+保肝宁（每1kg饲料添加3~6g）两种药物同时拌饵投喂，1日2~3次，连用5~7天。

处方2 菌毒杀（苯扎溴铵溶液）（1次量，每 $1m^3$ 水体，0.03~0.035mL）+消毒杀（戊二醛溶液）（1次量，每 $1m^3$ 水体，0.15~0.18mL），先将两种药物在容器中混合搅拌3~5min后再加水稀释全池泼洒；同时内服，1次量，恩诺沙星（每1kg饲料添加4g）+鱼用ABC（每1kg饲料添加5g）+三黄散（每1kg饲料添加5g），3种药物同时拌饵投喂，1日2~3次，连用5~7天。

（九）竖鳞病

1. 病原

嗜水气单胞细菌。

2. 危害

鲤、鲫，常年可见，3—11月发病较高。

3. 症状

鳞囊内含渗出液，鳞片向外张开，体表粗糙，有时鳍基充血，鳍膜间有半透明液体。

4. 防治

(1) 预防用方。聚维酮碘溶液，1次量，每 $1m^3$ 水体，0.45~0.75g 全池泼洒，隔天再用1次；同时内服，败血宁（诺黄散）（每1kg饲料添加20g）+保肝宁（每1kg饲料添加3~6g）两种药物同时拌饵投喂，1日2~3次，连用5~7天。

(2) 治疗用方。

处方1 第一天，鱼虫杀星（精制马拉硫磷溶液），1次量，每 $1m^3$ 水体，0.03~0.05 mL 全池泼洒；第二天，毒克（二氧化氯），1次量，每 $1m^3$ 水体，0.25~0.3g 全池泼洒；同时内服，败血宁（诺黄散）（每1kg饲料添加20g）+保肝宁（每1kg饲料添加3~6g）

两种药物同时拌饵投喂，1日2~3次，连用5~7天。

处方2 第一天，氯氰菊酯溶液，1次量，每1m³水体，0.02~0.03mL全池泼洒；第二天，鱼安（溴氯海因粉），1次量，每1m³水体，0.125~0.167g全池泼洒；同时内服，1次量，恩诺沙星（每1kg饲料添加4g）+鱼用ABC（每1kg饲料添加5g）+三黄散（每1kg饲料添加5g），3种药物同时拌饵投喂，1日2~3次，连用5~7天。

（十）溃烂病

1. 病原

嗜水气单胞菌的嗜水亚种。

2. 危害

主要危害鲤、鲫。常年均可发生，4—10月流行。

3. 症状

病灶形状不规则，病灶处鳞片脱落，表皮发炎溃烂，严重时烂及肌肉和骨骼。

4. 防治

（1）预防用方。

处方1 芽孢杆菌粉，内服，每1kg饲料添加2~3g；芽孢杆菌粉，外用，10~20倍水浸泡2~5h，1次量，每1m³水体，0.25~0.3g全池泼洒，晴天上午施用效果最佳，每月使用2~4次。

处方2 乳酸菌，内服，每1kg饲料添加20~30mL；乳酸菌，外用，1 000mL加0.2~0.3kg砂糖或煮熟的米糠（花生麸、豆粕）汁1~2kg，再加10kg水拌匀，密封塑料桶内发酵1~2天，1次量，每1m³水体，1.5~3mL全池泼洒，每月2~3次。

（2）治疗用方。

处方1 第一天，水质保解毒剂，1次量，每1m³水体，1~1.5g全池泼洒；第二天，鱼虫杀星（精制马拉硫磷溶液），1次量，每1m³水体，0.03~0.05mL全池泼洒；第三天，菌净（戊二醛溶液），1次量，每1m³水体，0.1~0.12mL全池泼洒，连用两次；同时内服，腐皮必克（诺氟沙星粉），1次量，每1kg饲料添加2~2.6g，1

日2~3次，连用5~7天。

处方2 第一天，水质保护解毒剂，1次量，每 $1m^3$ 水体，1~1.5g 全池泼洒；第二天，氯氰菊酯溶液，1 次量，每 $1m^3$ 水体，0.02~0.03mL 全池泼洒；第三天，聚维酮碘溶液，1 次量，每 $1m^3$ 水体，0.45~0.75mL 全池泼洒，连用2次；同时内服，氟苯尼考粉，1次量，每 1kg 饲料添加 2~3g，1日2~3次，连用5~7天。

（十一）烂尾病

1. 病原

嗜水气单胞菌、温和气单胞菌多种细菌。

2. 危害

青鱼、草鱼、鲈鱼，4—10月流行。

3. 症状

病鱼尾鳍及尾柄的表皮与肌肉充血腐烂，严重时骨骼外露。

4. 防治

（1）预防用方。

处方1 聚维酮碘溶液，1次量，每 $1m^3$ 水体，0.45~0.75g 全池泼洒，隔天再用1次；同时内服，败血宁（诺黄散）（1次量，每 1kg 饲料添加 20g）+保肝宁（1次量，每 1kg 饲料添加 3~6g）两种药物同时拌饵投喂，1日2~3次，连用5~7天。

处方2 克菌灵，1次量，每 $1m^3$ 水体，0.3~0.4g 全池泼洒，每月1~2次。

（2）治疗用方。

处方1 高氯，1次量，每 $1m^3$ 水体，0.09~0.135g 全池泼洒，同时内服，氟苯尼考粉（1次量，每 1kg 饲料添加 2~3g）+保肝宁（1次量，每 1kg 饲料添加 3~6g）+菌毒克（1次量，每 1kg 饲料添加 4g），3种药物同时拌饵投喂，1日2~3次，连用5~7天。

处方2 菌净（戊二醛溶液），1次量，每 $1m^3$ 水体，0.1~0.12mL 全池泼洒，同时内服，腐皮必克（诺氟沙星粉）（1次量，每 1kg 饲料添加 2~2.6g）+护肝宁（1次量，每 1kg 饲料添加 0.7~

1.5g）+三黄散（1次量，每1kg饲料添加5g），3种药物同时拌饵投喂，1日2~3次，连用5~7天。

(十二) 鲤白云病

1. 病原

假单胞菌，荧光假单胞菌。

2. 危害

鲤、鲫，一般冬、春季流行，水温11~14℃时为高峰；主发于网箱养鲤和流水越冬池。

3. 症状

体表有许多点状或斑块状白色黏液物形成一层浆状的白色薄膜，覆盖在鱼体头部、背部及尾鳍部。严重时出现竖鳞或鳞片脱落，鳞片基部出血，腹部膨大，有腹水，肛门红肿。病鱼游动缓慢，食欲减退，呼吸困难。

4. 防治

（1）预防用方。

处方1　鱼种下塘前，聚维酮碘溶液，1次量，每1m³水体，4.5~7.5g药浴20~30min。

处方2　毒克（二氧化氯），1次量，每1m³水体，0.25~0.3g全池泼洒，每月1~2次。

（2）治疗用方。

处方1　第一天，水质保护解毒剂，1次量，每1m³水体，1~1.5g全池泼洒；第二天，鱼安（溴氯海因粉），1次量，每1m³水体，0.125~0.167g全池泼洒，隔天再用1次；同时内服，恩诺沙星（1次量，每1kg饲料添加4g）+鱼用ABC（1次量，每1kg饲料添加5g）+菌毒克（1次量，每1kg饲料添加4g），3种药物同时拌饵投喂，1日2~3次，连用5~7天。

处方2　第一天，水质保护解毒剂，1次量，每1m³水体，1~1.5g全池泼洒；第二天，克菌灵，1次量，每1m³水体，0.3~0.45g全池泼洒，隔天再用1次；同时内服，出血宁（甲砜霉素粉）（1次量,每1kg饲料添加7g)+保肝宁(1次量,每1kg饲料添加3~6g)+三黄散(1次量,每1kg饲料添加5g),3种药物同时拌饵投喂,1日2~3次,连用5~7天。

三、由真菌和藻类引起的疾病

(一) 水霉病

1. 病原

水霉或绵霉感染伤口。

2. 危害

养殖鱼类均可发生。发病季节主要在早春、晚冬,15~20℃时较为严重。

3. 症状

鱼体表或卵的表面长有成团的灰白色絮状物。

4. 防治

(1) 预防用方。处方鱼种下塘前,聚维酮碘溶液,1次量,每$1m^3$水体,4.5~7.5g药浴20~30min。

(2) 治疗用方。

处方1 鱼必用(硫酸铜、硫酸亚铁粉),1次量,每$1m^3$水体,4.5~7.5mL全池泼洒,隔天再用1次。

处方2 克菌灵,1次量,每$1m^3$水体,0.3~0.45g全池泼洒,连用2天;同时内服,腐皮必克(诺氟沙星粉),(1次量,每1kg饲料添加2~2.6g)+鱼用ABC(1次量,每1kg饲料添加5g),两种药物同时拌饵投喂,1日1~2次,连用5~7天。

(二) 鳃霉菌

1. 病原

鳃霉。

2. 危害

鲮、鳙、草鱼、鲤。没有彻底清塘和施放未经发酵的肥料,有机质含量较高的池塘易发生。流行季节为5—10月。

3. 症状

病鱼呼吸困难，鳃上黏液增加，有出血、淤血和缺损斑块，严重时整个鳃呈青灰色。

4. 防治

（1）预防用方。

处方1 芽孢杆菌粉，10~20倍水浸泡2~5h，1次量，每$1m^3$水体，0.25~0.3g全池泼洒，晴天上午施用效果最佳，每月使用2~4次。

处方2 乳酸菌，1 000mL加0.2~0.3kg砂糖或煮熟的米糠（花生麸、豆粕）汁1~2kg，再加10kg水拌匀，密封塑料桶内发酵1~2天，1次量，每$1m^3$水体，1.5~3mL全池泼洒，每月2~3次。

处方3 光合菌，外用，1次量，每$1m^3$水体，3~3.5 mL全池泼洒；每月3~4次。

（2）治疗用方。

处方1 第一天，水质保解毒剂，1次量，每$1m^3$水体，1~1.5g全池泼洒；第二天，氯宝，1次量，每$1m^3$水体，0.09~0.135g全池泼洒，隔天再用1次；同时内服，腐皮必克（诺氟沙星粉）（1次量，每1kg饲料添加2~2.6g）+鱼用ABC（1次量，每1kg饲料添加5g），两种药物同时拌饵投喂，1日1~2次，连用3~5天。

处方2 第一天，水质保护解毒剂，1次量，每$1m^3$水体，1~1.5g全池泼洒；第二天，菌净（戊二醛溶液），1次量，每$1m^3$水体，0.1~0.12mL全池泼洒，隔天再用1次；同时内服，氟苯尼考粉（1次量，每1kg饲料添加2~3g）+保肝宁（1次量，每1kg饲料添加2~3g），两种药物同时拌饵投喂，1日1~2次，连用3~5天。

（三）打粉病

1. 病原

淀粉卵甲藻。

2. 危害

草鱼、青鱼、鲢、鳙、鲤，春末、秋初在偏酸性水体中较易发生。

3. 症状

病鱼体表黏液增多，背鳍、尾鳍及背部先后出现小白点，逐渐蔓延至尾柄、身体两侧头部和鳃部。粗看与小瓜虫相似，但白点之间有充血的红色斑点，尤以尾柄处明显。严重时身体上的白点个个相连，重叠成片，体表全部成为白色，似裹上一层白粉，俗称打粉病。

4. 防治

(1) 预防用方。

处方1 生石灰，1次量，每 $1m^3$ 水体，30g 全池泼洒，每月 2~3 次。

处方2 克菌灵，1次量，每 $1m^3$ 水体，0.3~0.4g 全池泼洒，每月 2~3 次。

(2) 治疗用方。

生石灰，1次量，每 $1m^3$ 水体，30g 全池泼洒，3天1次，连用2次。同时内服，腐皮必克（诺氟沙星粉）（1次量，每 1kg 饲料添加 2~2.6g）+ 鱼用 ABC（1次量，每 1kg 饲料添加 5g）+ 三黄散（1次量，每 1kg 饲料添加 5g），3 种药物同时拌饵投喂，1日1~2次，连用 3~5 天。

四、由原虫类引起的疾病

(一) 鳃隐鞭虫病

1. 病原

隐鞭虫。

2. 危害

隐鞭虫寄生在淡水鱼的鳃或皮肤上引起。大量寄生时可引起鱼苗、鱼种大批死亡，甚至死光，主要危害草鱼、鲮鱼、鲤鱼、鲈鱼的鱼苗、鱼种；流行于热天。在冬天，鲢、鳙的鳃耙上常有大量隐鞭虫寄生，但不引起鱼发病。隐鞭虫在我国主要养鱼地区都有流行，尤其是江浙、两广地区。

3. 症状

病鱼鳃上黏液增多，呼吸困难，鱼体发黑，游动缓慢，不吃食而死。

4. 防治

（1）预防用方。车轮虫特杀，1次量，每1次量，每1m^3水体，0.6~0.7g全池泼洒，每月2~3次。

（2）治疗用方。

处方1 第一天，鱼用敌百虫，1次量，每1m^3水体，0.4~0.5g全池泼洒；第二天，鱼安（溴氯海因粉），1次量，每1m^3水体，0.125~0.167g全池泼洒；同时内服，鱼虫清，1次量，每1kg饲料添加4g，连用2天。

处方2 第一天，车轮虫特杀，1次量，每1m^3水体，0.6~0.7g全池泼洒；第二天，菌毒净（苯扎溴铵溶液），1次量，每1m^3水体，2~3mL，全池泼洒；同时内服，杀虫灵，1次量，每1kg饲料添加4~8g，1日2次，连用3~5天。

（二）车轮虫病

1. 病原

车轮虫。

2. 危害

各种海、淡水鱼，终年发生，多见于5—8月。

3. 症状

体表黏液增多，鳃组织腐烂，鱼体发黑。有时苗种出现"白头白嘴"现象或成群绕池狂游，需镜检确诊。

4. 防治

（1）预防用方。

处方1 芽孢杆菌粉，10~20倍水浸泡2~5h，1次量，每1m^3水体，0.25~0.3g全池泼洒，晴天上午施用效果最佳，每月使用2~4次。

处方2 乳酸菌，1 000mL加0.2~0.3kg砂糖或煮熟的米糠

（花生麸、豆粕）汁 1~2kg，再加 10kg 水拌匀，密封塑料桶内发酵 1~2 天，1 次量，每 1m³ 水体，1.5~3mL 全池泼洒，每月 2~3 次。

（2）治疗用方。

处方 1　第一天，水质保护解毒剂，1 次量，每 1m³ 水体，1~1.5g 全池泼洒；第二天，车轮虫特杀，1 次量，每 1m³ 水体，0.6~0.7g 全池泼洒；第三天，毒克（二氧化氯），1 次量，每 1m³ 水体，0.25~0.3g 全池泼洒；同时内服，鱼虫清，1 次量，每 1kg 饲料添加 4g，连用 2 天。

处方 2　第一天，水质保解毒剂，1 次量，每 1m³ 水体，1~1.5g 全池泼洒；第二天，原虫特杀，1 次量，每 1m³ 水体，0.18~0.21mL 全池泼洒；第三天，鱼安（溴氯海因粉），1 次量，每 1m³ 水体，0.125~0.167g 全池泼洒；同时内服，杀虫灵，1 次量，每 1kg 饲料添加 4~8g，1 日 2 次，连用 3~5 天。

（三）小瓜虫病

1. 病原

多子小瓜虫寄生于鱼的体表、鳍和鳃上。

2. 危害

草鱼、青鱼、鲢、鳙、鲤、鲫、淡水白鲳、罗非鱼。主要在初冬及春季易感染，水温 15~25℃ 较易流行。

3. 症状

虫体大量寄生时，肉眼可见病鱼的体表、鳍条和鳃上布满白色点状胞囊。严重感染时，病灶部位组织增生，分泌大量黏液，形成一层白色基膜覆盖于病灶表面。用针挑破白点可见球形虫体，镜检可确诊。

4. 防治

（1）预防用方。

处方 1　彻底清塘，统统杀，1 次量，30cm 水深，每 1m³ 水体，0.67~1.12g 全池泼洒。

处方 2　芽孢杆菌粉，10~20 倍水浸泡 2~5h，1 次量，每 1m³ 水体，0.25~0.3g 全池泼洒，晴天上午施用效果最佳，每月使用 2~4 次。

处方 3 乳酸菌，1 000mL 加 0.2~0.3kg 砂糖或煮熟的米糠（花生麸、豆粕）汁 1~2kg，再加 10kg 水拌匀，密封塑料桶内发酵 1~2 天，1 次量，每 1m³ 水体，1.5~3mL 全池泼洒，每月 2~3 次。

（2）治疗用方。

辣椒粉，1 次量，每 1m³ 水体 0.4 g，干姜片，1 次量，每 1m³ 水体 0.15g 混合加水煮沸 30min，用药汁全池遍洒；同时内服，腐皮必克（诺氟沙星粉）（1 次量，每 1kg 饲料添加 2~2.6g）+ 鱼用 ABC（1 次量，每 1kg 饲料添加 5g）+ 三黄散（1 次量，每 1kg 饲料添加 5g），3 种药物同时拌饵投喂，1 日 1~2 次，连用 3~5 天。

（四）斜管虫病

1. 病原

斜管虫。

2. 危害

各淡水品种的苗种，水温 8~18℃时流行。

3. 症状

大量寄生时引起体表黏液增多，鳃组织破坏，病鱼呼吸困难，游动缓慢。常和其他寄生虫病并发，需镜检确诊。

4. 防治

（1）预防用方。

处方 1 彻底清塘，统统杀，1 次量，30cm 水深，每 1m³ 水体，0.67~1.12g 全池泼洒。

处方 2 芽孢杆菌粉，10~20 倍水浸泡 2~5h，1 次量，每 1m³ 水体，0.25~0.3g 全池泼洒，晴天上午施用效果最佳，每月使用 2~4 次。

处方 3 乳酸菌，1 000mL 加 0.2~0.3kg 砂糖或煮熟的米糠（花生麸、豆粕）汁 1~2kg，再加 10kg 水拌匀，密封塑料桶内发酵 1~2 天，1 次量，每 1m³ 水体，1.5~3mL 全池泼洒，每月 2~3 次。

(2) 治疗用方。

处方1　第一天,水质保护解毒剂,1次量,每 $1m^3$ 水体,1~1.5g 全池泼洒;第二天,车轮虫特杀,1次量,每 $1m^3$ 水体,0.6~0.7g 全池泼洒;第三天,毒克(二氧化氯),1次量,每 $1m^3$ 水体,0.25~0.3g 全池泼洒;同时内服,鱼虫清,1次量,每 1kg 饲料添加 4g,连用 2 天。

处方2　第一天,水质保护解毒剂,1次量,每 $1m^3$ 水体,1~1.5g 全池泼洒;第二天,原虫特杀,1次量,每 $1m^3$ 水体,0.18~0.21mL 全池泼洒;第三天,鱼安(溴氯海因粉),1次量,每 $1m^3$ 水体,0.125~0.167g 全池泼洒;同时内服,杀虫灵,1次量,每 1kg 饲料添加 4~8g,1 日 2 次,连用 3~5 天。

(五) 杯体虫病

1. 病原

杯体虫。

2. 危害

杯体虫多附着在鱼的皮肤、鳃上。全国各养鱼地区各种淡水鱼上都有寄生,但只有大量寄生时,才会引起鱼苗、夏花死亡。

3. 症状

当大量寄生时引起鳃上、皮肤上黏液增多。

4. 防治

(1) 预防用方。

处方1　彻底清塘,统统杀,1次量,30cm 水深,每 $1m^3$ 水体,0.67~1.12g 全池泼洒。

处方2　芽孢杆菌粉,10~20 倍水浸泡 2~5h,1次量,每 $1m^3$ 水体,0.25~0.3g 全池泼洒,晴天上午施用效果最佳,每月使用 2~4 次。

处方3　乳酸菌,1 000mL 加 0.2~0.3kg 砂糖或煮熟的米糠(花生麸、豆粕)汁 1~2kg,再加 10kg 水拌匀,密封塑料桶内发酵 1~2 天,1次量,每 $1m^3$ 水体,1.5~3mL 全池泼洒,每月 2~3 次。

处方4 光合菌,1次量,每1m³水体,3~3.5 mL全池泼洒;每月3~4次。

(2)治疗用方。

处方1 第一天,水质保护解毒剂,1次量,每1m³水体,1~1.5g全池泼洒;第二天,纤毛净,1次量,每1m³水体,1g全池泼洒;第三天,菌清,1次量,每1m³水体,0.8mL全池泼洒,每2~3天1次,连用2~3次;同时内服,鱼虫清,1次量,每1kg饲料添加4g,连用2天。

处方2 第一天,水质保护解毒剂全池泼洒;第二天,原虫特杀,1次量,每1m³水体,0.18~0.21mL全池泼洒;第三天,菌克,1次量,每1m³水体,0.15~0.2mL全池泼洒,每2~3天1次,连用2~3次;同时内服,杀虫灵,1次量,每1kg饲料添加4~8g,1天2次,连用3~5天。

(六)碘泡虫病

1. 饼形碘泡虫病

(1)病原。饼形碘泡虫。

(2)危害。草鱼肠道、鲤鱼肌肉组织。

(3)症状。发病草鱼前肠变粗,肠壁糜烂,含许多胞囊。发病鲤鱼外观凹凸不平,肌肉中有大量白色胞囊。

2. 圆形碘泡虫病

(1)病原。圆形碘泡虫。

(2)危害。鲤、鲫,夏、秋季较流行。

(3)症状。病鱼头部、鳍和鳃上有很多大小不一的乳白色胞囊。

3. 防治

(1)预防用方。

处方1 聚维酮碘溶液,1次量,每1m³水体,0.45~0.75mL全池泼洒,每10~15天1次。

处方2 孢虫净,1次量,每1kg饲料添加2~2.5g,1天2次,连用3~5天。

（2）治疗用方。

处方1 第一天，聚维酮碘溶液，1次量，每$1m^3$水体，0.45~0.75mL全池泼洒，隔天再用1次；同时内服，孢虫净（1次量，每1kg饲料添加2~2.5g）+保肝宁（1次量，每1kg饲料添加2~2.5g），两种药物同时拌饵投喂，1天1~2次，连用5~7天；第二天，毒克（二氧化氯），1次量，每$1m^3$水体，0.25~0.3g全池泼洒。

处方2 第一天，威力碘，1次量，每$1m^3$水体，0.45~0.75mL全池泼洒，隔天再用1次；同时内服，鱼虫清（1次量，每1kg饲料添加4g）+保肝宁（1次量，每1kg饲料添加2~2.5g），两种药物同时拌饵投喂，1天1~2次，连用5~7天；第二天，克菌灵，1次量，每$1m^3$水体，0.3~0.45g全池泼洒。

五、由蠕虫类引起的疾病

（一）指环虫病

1. 病原

指环虫。

2. 危害

鲤、鲫、草鱼、鲢、鳙、鲈、鳜、罗非鱼、金鱼，春末秋初流行。

3. 症状

寄生于体表和鳃上，破坏鳃丝和体表上皮细胞，刺激鱼体分泌大量黏液，鳃瓣浮肿，灰白色。夏花阶段鳃盖张开，鱼体发黑。

4. 防治

（1）预防用方。

处方1 彻底清塘，统统杀，1次量，30cm水深，每$1m^3$水体，0.67~1.12g全池泼洒。

处方2 芽孢杆菌粉，10~20倍水浸泡2~5h，1次量，每$1m^3$水体，0.25~0.3g全池泼洒，晴天上午施用效果最佳，每月使用2~4次。

处方3 乳酸菌，1 000mL加0.2~0.3kg砂糖或煮熟的米糠

（花生麸、豆粕）汁 1~2kg，再加 10kg 水拌匀，密封塑料桶内发酵 1~2 天，1 次量，每 $1m^3$ 水体，1.5~3mL 全池泼洒，每月 2~3 次。

处方 4 光合菌，1 次量，每 $1m^3$ 水体，3~3.5 mL 全池泼洒；每月 3~4 次。

（2）治疗用方。

处方 1 第一天，指环杀星，1 次量，每 $1m^3$ 水体，0.1~0.15 mL 全池泼洒；第二天，聚维酮碘溶液，1 次量，每 $1m^3$ 水体，0.45~0.75 mL 全池泼洒。

处方 2 第一天，指环净，1 次量，每 $1m^3$ 水体，0.1~0.15 mL 全池泼洒；第二天，毒克（二氧化氯），1 次量，每 $1m^3$ 水体，0.25~0.3 mL 全池泼洒。

（二）三代虫病

1. 病原

三代虫。

2. 危害

种均可寄生，主要流行于春末、秋初。

3. 症状

病鱼鳃和皮肤上有大量黏液，呼吸困难。大量寄生时鳃盖张开。

4. 防治

（1）预防用方。彻底清塘，统统杀，1 次量，30cm 水深，每 $1m^3$ 水体，0.67~1.12g 全池泼洒。

（2）治疗用方。

处方 1 第一天，指环杀星，1 次量，每 $1m^3$ 水体，0.1~0.15 mL 全池泼洒；第二天，氯宝，1 次量，每 $1m^3$ 水体，0.09~0.135 g 全池泼洒。

处方 2 第一天，指环净，1 次量，每 $1m^3$ 水体，0.1~0.15 mL 全池泼洒；第二天，菌净（戊二醛溶液），1 次量，每 $1m^3$ 水体，0.1~0.12 mL 全池泼洒。

(三) 九江头槽绦虫病

1. 病原

九江头槽绦虫、马口头槽绦虫寄生在鱼的肠道中。

2. 危害

草鱼、青鱼、鲢、鳙、鲮、团头鲂、鲫，全年均可发生，10cm 以下草鱼鱼种较严重。

3. 症状

病鱼瘦弱，体色发黑，不摄食。前肠因大量寄生虫体而膨胀，严重时肠壁穿孔，剪开肠管可见白色虫体。

4. 防治

(1) 预防用方。

处方1 第一天，鱼虫杀星（精制马拉硫磷溶液），1次量，每 $1m^3$ 水体，0.03~0.05 mL 全池泼洒；第二天，毒克（二氧化氯），1次量，每 $1m^3$ 水体，0.25~0.3g 全池泼洒。每 20~25 天 1 次。

处方2 第一天，氯氰菊酯溶液，1次量，每 $1m^3$ 水体，0.02~0.03mL 全池泼洒；第二天，鱼安（溴氯海因粉），1次量，每 $1m^3$ 水体，0.125~0.167g 全池泼洒。每 20~25 天 1 次。

(2) 治疗用方。

第一天，鱼用敌百虫，1次量，每 $1m^3$ 水体，0.4~0.5g 全池泼洒；第二天，鱼安（溴氯海因粉），1次量，每 $1m^3$ 水体，0.125~0.167g 全池泼洒；同时内服，克虫灵，1次量，每 1kg 饲料添加 4g，1 天 1 次，连用 4~7 天。

(四) 复口吸虫病

1. 病原

双穴吸虫的尾蚴和囊蚴。

2. 危害

鲢、鳙，主要流行于 5—8 月。

3. 症状

尾蚴急性感染时，病鱼急游，头部充血或身体弯曲，不久即死。

慢性感染时，水晶体变白，解剖后可见白色粟状虫体，严重时水晶体脱落而成瞎眼。

4. 防治

（1）预防用方。

处方1 彻底清塘，统统杀，1次量，30cm水深，每1m³水体，0.67~1.12g全池泼洒。

处方2 鱼虫杀星（精制马拉硫磷溶液），1次量，每1m³水体，0.03~0.05 mL全池泼洒，每20~25天1次。

处方3 氯氰菊酯溶液，1次量，每1m³水体，0.02~0.03mL全池泼洒，每20~25天1次。

（2）治疗用方。

处方1 鱼虫杀星（精制马拉硫磷溶液），1次量，每1m³水体，0.03~0.05 mL全池泼洒，每20~25天1次；同时内服，克虫灵，1次量，每1kg饲料添加4g，1天1次，连用4~7天。

处方2 鱼用敌百虫，1次量，每1m³水体，0.4~0.5g全池泼洒；同时内服，克虫灵，1次量，每1kg饲料添加4g，1天1次，连用4~7天。

（五）嗜子宫线虫病

1. 病原

嗜子宫线虫的雌虫。

2. 危害

鲤、鲫，主要在春季流行。

3. 症状

鲤的鳞片下、鲫和乌鳢的鳍条组织内、黄颡鱼的眼窝中有大型虫体，寄生部位充血发炎。

4. 防治

（1）预防用方。

处方1 彻底清塘，统统杀，1次量，30cm水深，每1m³水体，0.67~1.12g全池泼洒。

处方2 鱼虫杀星（精制马拉硫磷溶液），1次量，每1m³水体，0.03~0.05 mL全池泼洒，每20~25天1次。

（2）治疗用方。

处方1 鱼用敌百虫，1次量，每1m³水体，0.4~0.5g全池泼洒；同时内服，克虫灵，1次量，每1kg饲料添加4g，1天1次，连用4~7天。

处方2 氯氰菊酯溶液，1次量，每1m³水体，0.02~0.03 mL全池泼洒；同时内服，克虫灵，1次量，每1kg饲料添加4g，1天1次，连用4~7天。

（六）棘头虫病

1. 病原

棘头虫。

2. 危害

鲤、草鱼，无明显流行季节。

3. 症状

病鱼瘦弱，体色发黑，常浮于水表面，不摄食；前腹部膨大如球，剖开腹部，肉眼可见血色虫体，严重时虫体堵塞肠道，使鱼失去平衡，并在水中翻动打转，直至死亡。

4. 防治

（1）预防用方。彻底清塘，统统杀，1次量，30cm水深，每1m³水体，0.67~1.12g全池泼洒。

（2）治疗用方。

处方1 鱼用敌百虫，1次量，每1m³水体，0.4~0.5g全池泼洒；同时内服，克虫灵，1次量，每1kg饲料添加4g，1天1次，连用4~7天。

处方2 鱼虫杀星（精制马拉硫磷溶液），1次量，每1m³水体，0.03~0.05mL全池泼洒；同时内服，克虫灵，1次量，每1kg饲料添加4g，1天1次，连用4~7天。

六、由甲壳类引起的疾病

(一) 锚头鳋病

1. 病原

多态锚头鳋。

2. 危害

草鱼、鲢、鳙、团头鲂、鲤、鲫、泥鳅,全年可见,水温15~33℃时严重。

3. 症状

病鱼体表或口腔处可见大型虫体,寄生处充血发红,烦躁不安,食欲不旺,继而鱼体消瘦。

4. 防治

(1) 预防用方。

处方1 芽孢杆菌粉,10~20倍水浸泡2~5h,1次量,每1m^3水体,0.25~0.3g全池泼洒,晴天上午施用效果最佳,每月使用2~4次。

处方2 乳酸菌,1 000mL加0.2~0.3kg砂糖或煮熟的米糠(花生麸、豆粕)汁1~2kg,再加10kg水拌匀,密封塑料桶内发酵1~2天,1次量,每1m^3水体,1.5~3mL全池泼洒,每月2~3次。

处方3 光合菌,1次量,每1m^3水体,3~3.5 mL全池泼洒;每月3~4次。

(2) 治疗用方。

处方1 第一天,鱼虫杀星(精制马拉硫磷溶液),1次量,每1m^3水体,0.03~0.05mL全池泼洒;第二天,鱼安(溴氯海因粉),1次量,每1m^3水体,0.125~0.167g全池泼洒。

处方2 第一天,水虫灭Ⅱ,1次量,每1m^3水体,0.03~0.05mL全池泼洒;第二天,毒克(二氧化氯),1次量,每1m^3水体,0.25~0.3g全池泼洒。

处方3 第一天,蛛虫煞星,1次量,每1m^3水体,0.03~0.05mL全池泼洒;第二天,克菌灵,1次量,每1m^3水体,0.3~

0.4g 全池泼洒。

(二) 中华鳋病

1. 病原

大中华鳋、鲢中华鳋。

2. 危害

大中华鳋危害 1 龄以上草鱼,同池鲢、鳙不感染,5—10 月流行。鲢中华鳋危害 2 龄以上鲢、鳙和草鱼,5—9 月流行。

3. 症状

病鱼烦躁不安,大量寄生时鳃丝末端膨大、发白;肉眼可见鳃瓣边挂满白色蛆样虫体,又称"鳃蛆病",常并发烂鳃病。寄生鲢、鳙时,鱼体消瘦,在水表层打转或狂游;尾鳍常露出水面,故又名"翘尾病";剪开鳃盖,明显可见白色蛆样虫体。

4. 防治

(1) 预防用方。

处方 1 芽孢杆菌粉,10~20 倍水浸泡 2~5h,1 次量,每 $1m^3$ 水体,0.25~0.3g 全池泼洒,晴天上午施用效果最佳,每月使用 2~4 次。

处方 2 第一天,鱼虫杀星(精制马拉硫磷溶液),1 次量,每 $1m^3$ 水体,0.03~0.05 mL 全池泼洒;第二天,鱼安(溴氯海因粉),1 次量,每 $1m^3$ 水体,0.125~0.167g 全池泼洒。每 20~25 天 1 次。

处方 3 第一天,蛛虫煞星,1 次量,每 $1m^3$ 水体,0.03~0.05 mL 全池泼洒;第二天,克菌灵,1 次量,每 $1m^3$ 水体,0.3~0.4g 全池泼洒。每 20~25 天 1 次。

(2) 治疗用方。

处方 1 第一天,鱼虫杀星(精制马拉硫磷溶液),1 次量,每 $1m^3$ 水体,0.03~0.05 mL 全池泼洒;第二天,鱼安(溴氯海因粉),1 次量,每 $1m^3$ 水体,0.125~0.167g 全池泼洒。

处方 2 第一天,水虫灭Ⅱ,1 次量,每 $1m^3$ 水体,0.03~0.05 mL 全池泼洒;第二天,毒克(二氧化氯),1 次量,每 $1m^3$ 水体,

0.25~0.3g 全池泼洒。

(三) 鱼鲺病

1. 病原

日本鱼鲺。

2. 危害

青鱼、草鱼、鲢、鳙、鲤、鲮，4—12月流行。

3. 症状

肉眼可见体表虫体。病鱼极度不安，群集水面作跳跃急游行动，严重影响食欲，常引起细菌的继发性感染。

4. 防治

（1）预防用方。

处方1 彻底清塘，统统杀，1次量，30cm水深，每 $1m^3$ 水体，0.67~1.12g 全池泼洒。

处方2 第一天，氯氰菊酯溶液，1次量，每 $1m^3$ 水体，0.02~0.03mL 全池泼洒；第二天，菌净（戊二醛溶液），1次量，每 $1m^3$ 水体，0.1~0.12mL 全池泼洒。每20~25天1次。

（2）治疗用方。

处方1 第一天，鱼虫杀星（精制马拉硫磷溶液），1次量，每 $1m^3$ 水体，0.03~0.05mL 全池泼洒；第二天，鱼安（溴氯海因粉），1次量，每 $1m^3$ 水体，0.125~0.167g 全池泼洒。

处方2 第一天，蛛虫煞星，1次量，每 $1m^3$ 水体，0.03~0.05mL 全池泼洒；第二天，克菌灵，1次量，每 $1m^3$ 水体，0.3~0.4g 全池泼洒。

第四章 乌鱼养殖与病害防治

乌鱼又名乌鳢、黑鱼、财鱼、生鱼,是生活在静水或水流缓慢水体中的一种凶猛肉食性鱼类,隐蔽在水草丛中或水质易浑浊的泥底水体中。春夏秋三季多活动于水体中上层;冬季在水体底部越冬,常将后半部身体潜埋于泥中。乌鱼具有鳃上器官,能进行呼吸,耐低氧能力较强。乌鱼的食性在不同生长阶段差别显著,体长3cm以下的鱼苗以枝角类、桡足类和摇蚊幼虫为食;体长3~8cm时以水生昆虫的幼虫、小鱼、小虾、蝌蚪为食;鱼种到成鱼阶段,主要以泥鳅、鲫鱼、鲭鲅、鲦鱼、虾、青蛙为食。初夏到秋季为摄食旺季,水温降至12℃时停止摄食,见下图。

图 乌鱼

第一节 乌鱼食性

乌鱼的摄食量大,往往能吞食其体长一半左右的活饵,胃的最大容量可达其体重的60%上下。据解剖，一条500g重的乌鱼，在较短时间内吞食10cm长的草鱼8尾。乌鱼还有自相残杀的习性，能吞食体长为本身2/3以下的同类个体。其食量大小与水温有密切的关系。夏季水温高时相当贪食，摄食量大；当水温低于12℃时即停止摄食。

在人工饲养条件下，当动物性饲料不足时，也能以豆饼、菜饼、鱼粉人工配合饲料为食。

第二节　乌鱼繁殖

乌鱼的产卵季节因各地气候条件不同而异。在华南地区为4月中旬至9月中旬，5—6月最盛；华中地区为5—7月，以6月较为集中，繁殖水温为18~30℃，最适水温为20~25℃。

乌鱼能在池塘、河沟及水库水域内自然繁殖，产卵场为水草茂盛的浅水区。怀卵量、产卵量与亲体个体大小有关。乌鱼的怀卵量通常每1kg体重为2万~3万粒。0.5kg重斑鱼产卵量一般为0.8万~1万粒，个别可达1.1万~1.2万粒。乌鱼的卵金黄色，有油球，为浮性卵，卵径2mm左右。其黑龙江亚种卵径略小，约1.5mm。精卵的孵化时间与水温有关：水温较低时，孵化化时间较长；水温较高，则孵化时间短些。刚孵出的鱼苗全长3.8~4.3mm，体遍布黑色素细胞，胸鳍原基出现，油球和卵黄囊使体部明显膨大，外形象蝌蚪，常侧卧漂浮于近水面，运动能差，依靠吸收卵黄而生。苗全长达6.1~6.2mm时，胸鳍、鳃裂和口均已出现，卵黄内油球位置移至腹部，常呈仰卧状态于水面，并能向下作短程垂直运动。开始摄食，亲鱼随群保护。全长达7.4~7.5mm时，全身黑色，卵黄囊消失，集群游动，开始摄食，亲鱼随群保护。全长达15.5mm时，体呈黄色，开始分散游动，亲鱼亦停止护幼。

一、雌、雄亲鱼的鉴别

繁殖季节，雌鱼腹部稍膨大、松软，生殖孔突出；雄鱼腹部较小，不如雌鱼松软，生殖孔微凹。鉴别雌雄：雌鱼腹部呈灰白色，腹鳍条亦呈灰白色，胸部无黑斑；雄鱼腹部有很多斑点。

二、亲鱼培育

选择生命力强、个体肥壮而又达性成熟的雌雄鱼作为亲鱼。一般乌鱼饲养1年，最多2年即可成熟产卵。雌鱼体型较大为好，产卵多，孵化率高，鱼苗发育也好。

亲鱼多在冬季干塘时收集，专池培育，并投饲小鱼虾鲜活饵料。平时要注意保护培育池的良好水质，适当灌水和排水。

三、催情、产卵、孵化

进行人工催产所使用的催产剂，有鲤鱼、鲫鱼脑垂体和绒毛膜促性腺激素。

脑垂体的剂量为雌鱼每500g体重使用鲤、鲫鱼的脑垂体2~3个。注射：第一针注射1个，隔12~13h后第二针注射2个。水温在20~25℃时，经17~18h开始发情产卵，24h基本产完。雄鱼脑垂体剂量减半，通常只做1次注射，待雌鱼注射第二针时随即给雄鱼注射。

绒毛膜促性腺激素的剂量为雌鱼每500g体重用800~1 000U，第一针注射总量的1/3，第二针注射2/3。雄鱼剂量减半。

受精卵最初沉于水底，吸水后浮于水面。受精卵黄色、圆形、相互连成片状，上浮于水面，可捞出集中在孵化池或塑料大口盆中孵化，孵化池大小为10m×5m×0.7m，可放受精卵50万粒。水温在20~22℃时，孵化需45~48h。受精卵也可移入直径约60cm的塑料大盆中孵化，每盆放5 000~8 000粒，用0.1mg/L次甲基蓝溶液进行消毒，可防止水霉病发生。

第三节　乌鱼苗种培育

一、天然采捕

在乌鱼繁殖季节，湖泊、水库、江河、沟塘水域中，常能见到成群的天然乌鱼苗，较易捕获，是苗种捕捞的时节。捕捞工具为密目的抄网。在发现乌鱼巢后，可根据鱼苗集群的特性，用抄网捕捞。

白天乌鱼苗活动性较强,难以捕获。宜在夜间捕捉,此时鱼苗行动迟缓,且常浮于水面换气。当闻有水泡声,寻发声处,网从其下方插入水中后立即向上捞起,可捕获。如捕获到的是刚吸收完卵黄囊的鱼苗,则应先集中于苗种池培育一段时间,待体长达到7~8cm后移入成鱼池内饲养。

二、人工培育

乌鱼孵化较易,但苗种培育较难。乌鱼的孵化率高的可达到90%以上,一般也达60%左右。而鱼苗的成活率,高的约为70%,通常只有20%~40%。鱼种成活率仅为鱼苗总量的30%~50%。因此,提高乌鱼成活率是人工培育苗种的关键。乌鱼苗的卵黄囊消失后,开始摄食。对于孵化池移入苗种池的乌鱼苗,须及时投喂适口的饲料。

苗种培育池面积以0.2~0.4亩为宜,水深0.5~1.0m。苗种培育池在鱼苗放养之前,要清塘消毒。先排干池水晒底,再以每亩塘用60~75kg生石灰清塘(池水深为7~10cm时),然后培肥水质,当水中浮游生物大量繁殖时,鱼苗可下塘。

乌鱼苗的放养密度,视池塘条件,可掌握在每亩5万~10万尾,一般放6万~7万尾为宜。鱼苗孵化出4~5天,卵黄囊消失,鱼苗全长达8cm左右时以摄食轮虫、小型水蚤浮游动物为主。若池中培育的饵料生物不足时,须及时补充饵料。可以采用施追肥的方法,即每周施生物渔肥1次,每亩每次投放15kg。此时鱼苗鳃上器官已形成,常集群于池边,游泳时不时浮出至水面,将吻端露出水面呼吸空气。同时以鳃利用水中溶解氧,鱼苗亦常摄取浮于水面的饵料,因而可投喂由蛋黄、酵母、豆饼、维生素配制而成的末状配合饵料,放于水面上,作为补充饵料,每天投喂1次,放养当日每万尾鱼苗投喂1kg配合饵料,以后随鱼苗摄食量的增加逐渐增加投喂量。也可从专门培育枝角类的池内捞取水蚤进行投喂。鱼苗孵化约10天,全长为10mm以上时,鱼苗摄食桡足类成体、小型甲壳类、切碎的丝蚯蚓。3周左右,鱼苗体色转为黑色,可直接投喂丝蚯蚓、蝇蛆活饵料。经 20~25 天培育，全长可达 3cm 左右。

由于 3 周内鱼苗具高度集群的习性，鱼苗集聚在一起。投饵时游弋于群体中心和体弱的鱼苗，获食机会相对较少，因此，摄食情况良好的鱼苗全长可达 3.5~3.8cm，体弱的仅为 2.3~2.7cm，特别体弱的鱼苗甚至因无法获得必要的营养饲料而死亡。因此，一要投喂充足的饲料，二要改进投饵方法，可采取 1 天多次投喂；或在投喂前，结合鱼池换水，用流水将鱼群冲散，使鱼苗摄食均匀，生长速度基本保持一致。

当鱼体达 4cm 以上时，已能吞食体长为本身 2/3 以下的同类个体，因此大鱼吃小鱼的现象开始出现，应及时地、经常地捕捞过筛，按不同大小，分池培育。一般以 3.5~4cm 的规格，每亩放养密度以 1 万尾左右为宜，或直接放入家鱼、罗非鱼成鱼池中搭养。再经过 20 天左右培育，全长可达 6cm 上下，体色变为灰黑色，此时可放至成鱼池内进行成鱼饲养。

在苗种培育期间，要勤观察鱼苗的活动情况。若发现苗种绕池边游荡，表明池水饵料不足，应及时投喂。在培育的初期，轮虫、水蚤的欠缺，中后期丝蚯蚓、小鱼虾的不足，都会使苗种摄食不均而成长势不一致，引发相互残食。因此当池塘天然饵料不足时，可在池塘水面上设置黑光灯引诱昆虫，供鱼苗食用；也可适当投喂水蚤、切碎的鱼虾或人工配合饵料，但量要掌握好，不宜过多。否则水质恶化。乌鱼苗有集群的习性，若发现集群过大，应及时疏散，特别是在天气闷热的夜间，如出现上述现象，应将鱼苗捞起后分散放到本苗种塘的其他地点。要注意水色的变化，尤其在高温季节里，若水质过肥，溶氧不足，易引起苗种浮头、泛塘，造成苗种大批死亡。因此，要根据苗种的生长情况，适时注入新水，逐步提高水位，调节水质，增加水体的空间，调整苗种的密度。注水不仅可提高水中溶氧，还可与投喂饵料有机结合起来，使苗种能均匀得到充足的饵料。

第四节　成鱼养殖

进行成鱼饲养时，每亩放 6~7cm 的鱼种 1 500~3 000 尾。套养时，其他鱼种规格一定要比乌鱼种规格大。乌鱼每亩套养 50~70 尾。当年能长成 250g 以上，亩产可达 15kg 左右。

第五节　乌鱼常见病害防治

一、寄生虫病

车轮虫病、小瓜虫病、碘泡虫病。

二、细菌病

出血性败血症、诺卡氏菌病、乌鳢结节病、腐皮病、腹水病。

三、真菌病

流行性溃疡综合征、水霉病。

四、病毒病

弹状病毒病。

以上疾病参见第三章第五节鱼类疾病防治经验处方。

第五章 "中科5号鲫"养殖技术与病害防治

第一节 品种概况

鲫鱼是我国重要的大宗淡水养殖鱼类之一，适合在全国各种可控水体中养殖。因其适应性强、分布范围广、味道鲜美等特点，深受养殖户和消费者的欢迎。

一、"中科5号鲫"生物学特性

背高而侧扁。鱼体背部较厚、呈灰黑色。头小，吻短钝，口端位，口裂斜，唇较厚，口角无须，下颌部至胸鳍基部呈平缓弧形。头顶往后、背部前段有一轻微隆起。鼻孔距眼较距吻端为近。眼较大，侧上位。背鳍基部长，鳍缘平直，最后1根硬刺粗大，后缘有锯齿。背鳍起点与腹鳍起点相对。胸鳍不达腹鳍。腹鳍不达臀鳍。臀鳍基短，第3根硬刺粗大有锯齿。尾鳍叉形。体被大圆鳞，鳞片后缘颜色较深，使鱼体呈灰黑色。侧线完全，略弯。背鳍鳍式为 D Ⅳ-（17~20），臀鳍鳍式为 A Ⅲ-5，侧线鳞30~33。

二、优良性状

与其他养殖鲫鱼品种相比，"中科5号鲫"具有生长速度快和抗病能力强的优点。在相同的养殖条件下，与异育银鲫"中科3号"相比，在投喂低蛋白（27%）、低鱼粉（5%）饲料时生长速度平均提高18.20%，抗鲫疱疹病毒能力提高12.59%，抗体表黏孢子虫病能力提高20.98%。另外，"中科5号鲫"依然保持雌核生殖特性（下图），利用兴国红鲤作为父本进行新品种扩繁，后代不分化，性状稳定。适宜在全国各地人工可控的淡水水体中养殖。

第五章 "中科 5 号鲫"养殖技术与病害防治

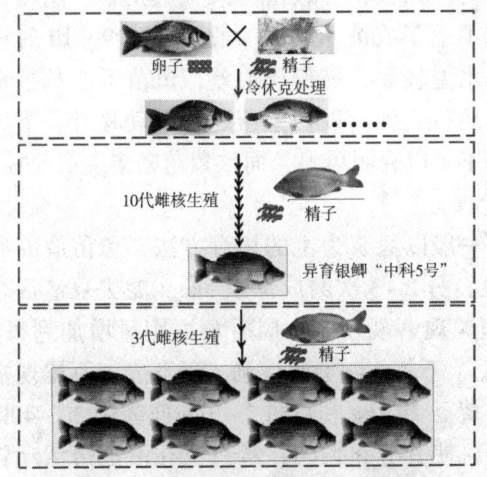

图　"中科 5 号鲫"异精雌核生殖

第二节　苗种培育

一、鱼苗培育

1. 培育池及准备

选择 3 亩左右的长方形鱼苗池，且塘形整齐，深度以 1.5m 左右为宜。鱼苗池应有充足水源，且注、排水方便，池底平坦、淤泥适中，阳光照射充足。用生石灰或漂白粉清塘后，在鱼苗下塘前 5~7 天注水，注水深度以 50~60cm 为宜。注水后，立即在池塘施每亩施基肥 200~300kg 培育鱼苗适口的饵料生物。在鱼苗放养前 1 天清除短期内繁殖的大型枝角类、有害水生昆虫、蛙卵和蝌蚪等。

2. 鱼苗放养

鱼苗的放养密度一般为每亩放水花 20 万尾左右，如池塘条件好，水源、饲料充足，有较好的饲养技术，每亩可放养至 25 万~30 万尾。一般鱼苗下塘时水温差不超过±3℃。一旦出现较大温差需搅动上下水层消减温差，缓缓放入鱼苗；或是将装苗的氧气袋放入池水平衡水温后再放入鱼苗。放苗时天气应正常。闷热天、长期阴雨天或雷暴雨前不适于放苗。放苗一般选择在 9—10 时进行，鱼苗下塘安全。下午水温较高，易形成温差，鱼苗下池危害性大。放苗时一般选择在上风位入池，以便鱼苗随风游动移开。下风位放苗，则鱼苗游动力差不足以克服风浪，而致鱼苗密集造成死亡或损失。

3. 饲养管理

苗种培育一般以豆浆为主的培育方法，鱼苗放养后，每天每亩用 2~3kg 黄豆，分 2~3 次磨成豆浆 5kg，滤去豆渣后全池泼洒，每天 2~3 次。豆浆现磨现用。一周后黄豆用量增加到每天每亩用 3~4kg。每天分上、下午 2 次磨浆泼洒。每育成 1 万尾规格 3cm 以上的夏花鱼种，需黄豆 7~8kg 和豆饼 2~3kg 或粪肥 30~40kg。泼喂豆浆时应全池遍洒，使其分布均匀；鲫鱼苗在沿池边活动较多，近池边浅水区适当多泼。后期随鱼体长大，可在池边加泼一次或增加投喂量。坚持每天早、中、晚巡塘，观察池塘水色和鱼苗活动情况，以决定投喂量，发现问题及时解决。

4. 分塘和出售

鱼苗经 15~20 天培育至全长 2.5~3cm 时，应及时拉网锻炼并准备出池。

二、鱼种培育

1. 培育池及准备

鱼种池面积一般 2~5 亩，水深 1.5~2.0m。池底平坦，淤泥厚度小于 20cm。池塘土质最好为壤土，既保水，又保肥。在池塘边设有进、排水口。进水最好是开放式的，排水口设在进水口对面，设在鱼池最低处，还兼有排污的功能。苗种培育池还应配备增氧设施，一般情况下每 4~5 亩水面配一台 1.5kW 的增氧机即可。鱼种塘需进行清塘，一般以生石灰清塘效果为好。清塘 1 周左右即可注水，注水时应用 50~60 目筛绢包扎入水口，严防野杂鱼、虾苗等进入池塘。每亩施基肥 500~700kg 以培育大量的大型浮游生物。

2. 放养

"中科5号鲫"鱼种培育有单养和混养两种方式,一般多采用单养。其混养比例根据池塘情况、水源、水质、饲料、市场等来定主养对象,混养品种一般为鲢、鳙鱼和团头鲂等。鱼种放养密度需根据养殖目标、池塘条件、饲料情况、技术与管理水平等多方面来定。如果需获得尾重25~50g的"中科5号鲫"鱼种,每亩水面放养夏花鱼种5 000~10 000尾。投放的夏花鱼种要求游动活泼,规格整齐,无畸形,入塘前需用高锰酸钾溶液浸洗。

3. 饲养管理

养殖"中科5号鲫"鱼种的饲料一般为24%~28%蛋白含量的专用鲫鱼饲料。投喂一般采用"四定"投喂方法,做到定时:饲料在每日8—10时,14—16时两次投喂,上午投喂量为总投饲量的30%~40%,下午投喂量为60%~70%;定位:投饵机在固定区域投喂;定质:饲料应鲜嫩适口,不得霉烂变质;定量:投饲应做到适量均匀,以饲料每次投喂后1~2h吃完为宜。阴雨天、鱼病流行期投饲量应酌情减少。每天巡池不少于2~3次。清晨观察水色和鱼的动态,发现严重浮头或鱼病应及时处理;上午投饲与施肥时应注意水质与天气变化;下午清洗饲料台检查鱼吃食情况,并做好饲养管理日志。

每隔15天左右加新水1次,每次池水加深10~15cm(其中包括部分换水),使水位保持1.5m左右。注水口需要用密网封口,严防野杂鱼和其他敌害生物混入。

4. 出塘分养

经过5—6月养殖,养成50g左右的冬片鱼种,此时应及时进行分塘,放养在成鱼养殖池或拉网锻炼后出售。

第三节 成鱼养殖

"中科5号鲫"主要采取主养和混养的养殖模式,不同地区根据不同的养殖条件、市场需求等具体情况选择合适的养殖模式。

一、"中科 5 号鲫"池塘主养模式

放养的鱼种规格和密度按照池塘条件和预期商品鱼规格等条件而定。一般情况下,每亩投放 50g 左右的鱼种 2 000 尾左右,再搭配 10%～30%的鲢、鳙等滤食性鱼种,还可以搭养 5%的团头鲂。

二、黑尾鲌混养"中科 5 号鲫"养殖模式

放养黑尾近红鲌鱼种 1 500 尾左右,"中科 5 号鲫"夏花 1 000 尾左右,搭配 10%左右的鲢、鳙。"中科 5 号鲫"平均规格400～500g。

三、主养草鱼套养"中科 5 号鲫"养殖模式

每年 5 月每亩养殖池塘中放养规格为 2～3 cm 的草鱼 1.5 万～2 万尾、规格为 3～4cm/尾的"中科 5 号鲫"200 尾,养殖到年底,草鱼规格可以达到 8～15cm,"中科 5 号鲫"可以达到 400～500g。

四、主养黄颡鱼套养"中科 5 号鲫"养殖模式

亩放养黄颡鱼夏花 5 000 尾,套养"中科 5 号鲫"夏花 300 尾,并配养鳙 30 尾,"中科 5 号鲫"当年规格可以达 500g。

第四节　病害防治

"中科 5 号鲫"具有较强的抗病能力,对目前鲫鱼养殖中危害最大的孢子虫和出血病有一定的抗性,鱼病防治要坚持"以防为主,防治结合"的原则。

病害预防的方法有:鱼苗下塘前做好鱼塘和鱼苗的消毒工作,放苗前一周,每亩用生石灰全池泼洒消毒,鱼苗用3%～5%盐水浸洗5min,或者 20mg/kg 高锰酸钾溶液浸浴 20min;经常保持池塘卫生,随时清除池边杂草和残渣余饵;在鱼病易发的高温季节,一般每 20 天左右进行一次严格的消毒工作,如向全池泼洒一次生石灰水,使池水终浓度为 30mg/kg,或者用 90%晶体敌百虫 0.5mg/kg 泼洒;当有鱼病发生时,在发病早期应及时进行诊断病情,针对性开展治疗,如病害情况严重,则必须立刻清除病鱼,避免疾病的传播扩大。

在"中科 5 号鲫"养殖过程中可能出现水霉病、锚头鳋和鱼虱

病等病害，主要治疗方法如下。

一、水霉病

该病的病原是水霉、绵霉等。此病主要发生在受精卵孵化阶段和鱼苗阶段，流行季节3—5月。鱼体受伤时可用0.04%食盐和0.04%小苏打合剂全塘泼洒。对于受伤的产卵亲鱼可采用聚维酮碘等浸泡，可防细菌感染。

二、锚头鳋

该病的病原是锚头鳋，感染此病的银鲫亲鱼消瘦，体表发黑，性腺萎缩，严重影响亲鱼的体质和繁殖。

三、鱼虱病

病原是多种鱼虱。寄生在鳃及体表，肉眼可见。虫体似耙钉般吸附在鱼体上，或者在寄生处到处爬行并以其腹面的倒刺、口刺、大颚，刺伤、撕破鱼体所寄生部位，致使病鱼呈现极度不安、狂游等。

防治方法参见第三章第五节鱼类疾病防治经验处方。

第六章 鳜鱼养殖与病害防治

鳜鱼,鲈形目,鳜鱼属,又名桂鱼、桂花鱼、季花鱼、季鱼。它肉味鲜美,肉质细嫩,蛋白质含量较高,营养丰富,还含有较丰富的钙、磷、铁,是深受广大消费者喜爱的淡水鱼类,为历代宴宾席上的珍肴。

第一节 生物学特性

一、种类与形态特征

鳜鱼共有7种,其中以鳜鱼(翘嘴鳜)、大眼鳜和斑鳜为常见。

在鳜鱼养殖过程中,翘嘴鳜与大眼鳜极易混淆,往往把大眼鳜当作翘嘴鳜来养殖,结果降低了养殖者的经济效益。大眼鳜与翘嘴鳜的主要区别是:大眼鳜眼较大,上颌后端不达眼的后缘,斜形褐色条纹不达吻端,体两侧没有一条较宽的褐色斑条与体轴相垂直。而翘嘴鳜眼较小,上颌末端至眼的后缘,斜形褐色条纹自吻端穿过眼部至背鳍基部前下方,体两侧有一条较宽的褐色斑条与体轴相垂直。

二、生态习性

1. 生活习性

鳜鱼为底层鱼类,生活在静水和有一定流水的江河、湖泊和水库中,尤以水草丰盛的浅水湖泊为多。白天一般潜伏于水底,夜间四处活动觅食,有打穴做窝习性,不喜群居,生活适宜水温为15~32℃,在水温7℃以下时不大活动和摄食。

在池塘养殖中,鳜鱼常卧于水底,隐藏于较浅的穴中。因此,主养鳜鱼的池塘用地拉网捕捞时,应注意拉第一网后再隔一段时间,待池水平静、鳜鱼出窝后再拉第二网，提高拉网起捕率。

2. 食性

鳜鱼是典型的肉食性凶猛鱼类，终生以小鱼、小虾为食。刚孵化出的鳜鱼苗即能捕食其他鱼苗，体长 0.7cm 的鳜鱼能捕食体长 0.35cm 的其他鱼类，体长 31cm 的鳜鱼可捕食体长 15cm 的鲫鱼。鳜鱼食量较大，通常饱食时食量可达自重的 10%~15%。在养殖鳜鱼过程中，投喂饵料鱼有一定的选择性，即鱼苗阶段以鳊鱼为主，鱼种阶段以鲫鱼、鲮鱼为主，成鱼阶段以易得和适口的小鱼为主，湖北黄冈当地基本上用小鲫鱼、小泥鳅、鲮鱼作为鳜鱼的饵料鱼。

3. 生长

鳜鱼在江河中生长较慢，在长江流域，据测定 1 龄鱼平均体长 17.5cm，体重 119g；2 龄鱼 23.6cm，300g；3 龄鱼 32.8cm，812g；4 龄鱼 42.5cm，1 526g。在人工养殖条件下生长速度大大加快，当年鳜鱼苗在池塘或网箱中养殖可达商品规格，相当于大水面天然生长 2~3 龄鳜鱼的体重。在相同的人工饲养条件下，以翘嘴鳜的生长速度最快，大眼鳜次之。

4. 繁殖习性

每年的 5 月中旬至 8 月为鳜鱼的生殖季节，6 月为盛产期，适宜水温 22~30℃。鳜鱼产出的卵为漂流性卵，能黏附在水草上。雄性一冬龄成熟，雌性二冬龄成熟，属多次产卵类型。

第二节　苗种培育

鳜鱼养殖可分为 3 个阶段：鱼苗培育阶段、鱼种培育阶段和商品鳜鱼养殖阶段。鱼苗培育阶段为出膜后 3~20 天，养成 3cm 的夏花，这一阶段在苗种场完成。鱼种培育阶段是把 3cm 夏花培养成 6~8cm 大规格鱼种，培育时间为 7~15 天。这个阶段是商品鳜鱼养殖的关键。普遍采用土池培育和网箱培育两种方式。

一、土池培育

池塘面积一般 1 亩左右，水深 2m，每亩放养 3cm 鳜鱼夏花 1 万尾左右。

1. 投喂式培育法

就是根据鳜鱼的日摄食量（或日摄食尾数）来投喂饵料鱼。这种培育方法夏花鳜鱼的密度可大些，一般亩放1.2万尾。放养前用生石灰清塘消毒，进水时应设置过滤网片，防止凶猛鱼类进入。鳜鱼夏花刚下塘，水位浅一些，以60cm为好，以后随个体的增大，水位逐步增加到1.5m左右。投喂饵料鱼时，应做到定时定位，在鳜鱼苗3~6cm期间，日投喂饵料鱼以每尾鳜鱼4~8尾计算，饵料鱼体长不超过鳜鱼体长的55%~60%；6cm以后，日投喂饵料鱼4~5尾，其体长不超过鳜鱼体长50%~55%。下塘7天后，用0.7mg/kg的硫酸铜与硫酸亚铁合剂（5:2）全池泼洒1次，主要防治车轮虫与斜管虫病。

2. 套养式培育法

指在放养鳜鱼夏花之前先培养好适口饵料鱼，再放养鳜鱼苗，使鳜鱼和饵料鱼同塘生长。这种培育法一般亩放养3cm的鳜鱼0.8万~1万尾，饵料鱼的放养量为每亩70万尾左右，并严格控制饵料鱼的体长不超过鳜鱼的55%~60%。这种培育方法应注意水质管理，放养初期60cm水位，放养后每隔3天注水1次，每次注水量25cm左右，最后使池水保持在1.5~1.8m。疾病防治同上。

二、网箱培育

网箱面积为2~6m^2，其长、宽、高的尺寸为2m×1m×1m或2m×2m×1m或3m×2m×1m，用竹、木固定在水质较好的池塘或外荡，敞口，网箱口高出水面20~30cm。网箱材料选用40目的尼龙网片，放养密度一般为每平方米400~800尾，经7~15天培育成6~8cm的大规格鳜鱼种。在培育管理中，要做到经常洗箱、换箱，保持箱内水质清新，溶氧充足。投喂饵料鱼方法及数量同土池培育。疾病预防可用3mg/kg的硫酸铜或3%食盐水浸洗，4.5cm以前每2天浸洗1次，4.6cm以上每3天浸洗1次。

培育鳜鱼鱼种都应注意下列问题。

（1）放养的 3cm 左右鳜鱼夏花，都要经过 3mg/kg 硫酸铜或 3% 食盐水浸泡 5~10min。

（2）培育过程中要配备增氧设备，发现浮头立即增氧。

（3）每天上午和下午，要定时检查鳜鱼种的摄食、生长和饵料鱼的消长情况，随时补充饵料鱼的数量和调整其规格。

第三节　养成技术

鳜鱼成鱼养殖是把 3cm 的鳜鱼苗或 6~8cm 的鱼种饲养成体重 500g 左右的商品鱼。这一过程所需时间 180 天左右。饲养时间的长短，取决于饵料鱼是否充足、适口，水质是否良好，管理是否得当。养殖的主要方式有池塘主养、成鱼塘（小水库）混养、网箱养殖。

一、池塘条件

要求池底硬，少淤泥，靠近水源，排灌方便，无生活与工业污水流入，没有配备饵料鱼池塘的面积不宜过大，一般 1~3 亩。配备饵料鱼池塘的条件下，面积 2~5 亩为宜。放养前，池塘要经常规方法清塘消毒，杀灭各种病害生物和病原体。注水后，在鳜鱼苗种下塘前 1~2 天，用 0.7mg/kg 硫酸铜和硫酸亚铁合剂（5∶2）全池泼洒一次，杀灭水中寄生虫，以提高鳜鱼（特别是夏花）的成活率。

二、鱼种和饵料鱼消毒

放养的鳜鱼鱼种和搭养品种暂养容器中，用 3mg/kg 的硫酸铜溶液或 3% 食盐水或 20mg/kg 的高锰酸钾溶液浸洗 5~10min，定期投喂的饵料鱼也用此法消毒，防止病原体从放养鱼种和饵料鱼中带入养殖池塘。

三、放养方法

1. 直接放养 3cm 鳜鱼鱼种

以当地鳜鱼夏花养殖 1 周年成商品鱼，广东鳜鱼夏花当年可以上市。每亩放养密度 2 000 尾左右，前期养殖方法同土池培育鳜鱼鱼种，以后投喂饵料鱼为主。成活率一般只有 50%，把握性差。

2. 放养6~8cm大规格鳜鱼鱼种

这种方法适应于养殖规模较大的养殖户,一般亩放1 000~1 200尾。优点是成活率较高,一般在85%~90%,生产把握性大。

3. 放养一龄鳜鱼鱼种

规格50~100g/尾,每亩放养500尾左右,放养规格要求一致,亩搭养200尾左右的花、白鲢,200尾左右的老口银鲫,不宜搭养草鱼、青鱼、鲤鱼,利用冬季收购小鱼种暂养于池塘中。

四、投饲方法

喂养鳜鱼的饲料鱼来源有人工饲养和野生鱼类采集,对饵料鱼的要求,一要活,二要大小适口,三是无硬棘,四要供应及时。

1. 饲料鱼品种

选择鲮、鲫、鲢、鳊鱼苗种较好。

2. 饲料鱼的规格

应根据鳜鱼各个不同的生长阶段,投喂相应的饵料鱼,见下表。

表 鳜鱼养殖投喂饵料鱼规格

鳜鱼体长(cm)	饵料鱼体长(cm)
3~14	1.5~5
15~20	3~6.5
21~25	4.5~7.5
26~30	6~9
31~35	7.5~15

3. 饲料鱼的投喂量

把3cm鳜鱼(体重0.5g)养成500g左右的商品鱼,每日饲料鱼投喂量从占体重70%开始,逐步减少到8%~10%,全年饵料系数4左右。放养1龄鳜鱼鱼种塘,饲料鱼的日投量从8%逐步降到5%,立秋到白露期间保证饲料鱼足量投喂,全年饲料系数在5左右。

第四节 病害防治

鳜鱼白肝、白鳃是暴发流行病。

病原为病毒引起的，同时也存在非病毒引起的白肝、白鳃。

一、流行特点

该病每年4月中下旬水温约20℃以上可发生，至11月中下旬水温降低时不治自愈，发病高峰期多出现在7—9月间。病鱼呈鳃苍白、肝苍白、内脏局部充血、腹水、肠壁充血、肠内充满黄色黏稠物典型症状，80%以上病鱼混合感染细菌、寄生虫而呈现多样化症状，交杂着红肿、多黏液、溃烂症状。个体的病症有的为鳃白、肝红、肠黄伴壁红，有的鳃红、肝白、肠红。

该病具有显著的传染特征，疾病具有垂直传播的特性，通过鳜鱼亲鱼携带病原越冬并传给后代。疫区鳜鱼携带病毒率高，正常情况下病毒在鱼体内处于潜伏状态，当受到外来刺激时才引起机体病变。

气温是鳜鱼病毒致病的限制因子。水温约20℃以上可发病，低温时病毒受抑制，气温突变，水质恶化，细菌和寄生虫病原感染以及近亲繁殖种质退化，饵料鱼营养不平衡，管理不善，如用药不当，饵料鱼未经消毒，投放量过大，均可成为病毒致病的诱发或协同因子，携带病毒的鳜鱼在发病季节对外来刺激极为敏感，这是疾病呈急性型和高死亡率的主要原因之一。由此可见，如何提高鳜鱼的抗逆能力，截断不利的应激源是科学管理鳜鱼生产的重要环节。

二、防治技术

1. 种质选择

在江河筛选野生，强壮的原种，精心培育亲鱼；利用PCR检测鳜鱼病毒技术，监测亲鱼携带病毒情况，对携带病毒性亲鱼作淘汰或隔离处理。

2. 注射疫苗

对亲鱼和苗种采用注射疫苗，亲鱼在人工繁殖前 2 个月进行，免疫的亲鱼子代在发病季节的成活率普遍高于不免疫的子代成活 5%~15%，苗种在体长 8~10cm 可进行免疫，苗种免疫的效率达 80%以上。

3. 池塘与水质

苗种下塘前对池塘底质进行理化因子检测，对症采用底质改良剂维护底泥微生物种群。有条件的可干塘翻晒底泥，结合底质改良措施，效果更佳。

4. 寄生虫防治

对饵料鱼先杀灭细菌，再进行寄生虫的药浴，投喂药饵处理后才投放到鳜鱼塘，减少在鳜鱼塘直接施放药物对鳜鱼的刺激。投放饵料鱼量涉及合理的养殖容量，对鳜鱼精养塘，以 3~5 天添加 1 次饵料鱼为宜。监测细菌、寄生虫病原感染鳜鱼、对症温和处理。复配中草药的水体消毒剂及高效低毒杀虫剂，其药性温和，适应性广，两种药配合适用于对刺激性敏感的鳜鱼的细菌性防治和病毒病预防。无论是土池培育或网箱培育鳜鱼鱼种，都应注意放养的 3cm 左右鳜鱼夏花，都要经过 3mg/kg 硫酸铜或 3%食盐水浸泡 5~10min。

第七章　黄颡鱼养殖与病害防治

黄颡鱼，是我国优质的名贵鱼类，俗称黄骨鱼、黄姑、黄腊丁、嘎鱼，属鲇形目，鲿科，黄颡鱼属。黄颡鱼共有3种，分别是黄颡鱼、中间黄颡鱼和瓦氏黄颡鱼（图7-1）。

图7-1　黄颡鱼

第一节　生活习性

它生长在江河、湖库或其支流水域，栖息于底层，以各种底栖的无脊椎动物、小鱼虾为饵，对生态环境的适应性较广。生存水温0~38℃，较耐低氧。

第二节　养殖技术

一、池塘主养

池塘面积以3~8亩为宜，水深1.2~1.5m，每亩水面放养黄颡鱼苗种5 000~10 000尾，当年可养成尾重75~100g的商品鱼。

二、池塘套养

每亩水面套养黄颡鱼苗种500~1 000尾，可产商品鱼35~60kg。

三、网箱饲养

每平方米可放养黄颡鱼苗种500尾左右，当年即可养成商品鱼。

黄颡鱼对水质的要求较高，要保持水的透明度35~45cm，pH值为6.5~8，每月换水1次，池塘中安装增氧机，定时或不定时开机，增加水中的溶氧，避免浮头、泛塘现象，使黄颡鱼生长正常。鱼有病要及时防治，做好预防工作，定期使用生石灰、漂白粉或其他药物消毒，杀灭池塘中的细菌、病毒和其他病源微生物，减少疾病的发生。

饵料质量较高是提高黄颡鱼成活率、上市规格和经济效益的有效措施。黄颡鱼是杂食性、以动物饲料为主的鱼类，因此，投喂的饲料的粗蛋白应在35%以上，5月以前按鱼重量2%~2.5%投喂，6—8月水温高，黄颡鱼正处于生长旺盛的高峰期，可按鱼体重的4%~5%喂料；9月以后水温逐步下降，精饲料的投喂量逐步减少，并根据鱼类的摄食、天气变化的情况改变投喂饲料的数量和次数。每天定点投喂1~2次。鱼种可以是从江河湖泊捕捞的，也可以是人工繁育出来的，不论其来源如何，都必须进行标粗培育，放入成鱼塘、网箱的鱼种规格达到30~50g，这样的规格成活率高、生长速度较快，能及时地达到上市的商品鱼规格（150g以上）。放养鱼种在当年3月底以前完成，当年12月之前能捕获上市，减少过冬的损耗和死亡。

第三节 病害防治

一、机械性损伤的防治方法

1. 病因

由于黄颡鱼喜集群生活，其胸鳍和背鳍长有硬棘，在生产操作和运输中易造成鱼体皮肤擦伤、裂鳍机械性损伤，继发细菌感染和霉菌感染,并以烂鳍和生长水霉为主要症状。主要为网箱分养操作及大规格鱼种长途运输后受伤。

2. 防治

在拉网锻炼、运输中细心操作。出苗时,暂养网箱时间不要过长,并尽可能降低暂养箱的放养密度。运输用水中可以适量添加氟苯尼考粉(图7-2),鱼种入池或入网箱前要用聚维酮碘溶液浸洗消毒。

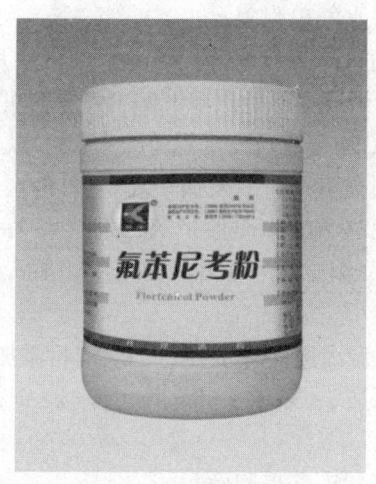

图7-2 氟苯尼考粉

二、细菌性疾病的防治方法

1. 一点红、头开裂

(1)病原。爱德华氏菌。

(2)症状。病鱼头顶部红肿,眼突出、胸鳍基部发红,严重时头部溃烂、脊柱扭曲。鱼苗集群在水面缓慢游动,腹部隆起、腹水特别明显,腹部外观金黄或白亮反光状,胃中充满气泡,大量死亡后3~7天,发现池角游动缓慢的鱼,1天内死亡。黄颡鱼苗种培育期间死亡率可达90%。

(3)防治。第一天,水质保护解毒剂(每$1m^3$水体1~1.5g,1

次量），全池泼洒。第二天，聚维酮碘溶液，1m³水体0.45~0.75g，全池泼洒+利福平；停食1天，之后内服保肝宁（每1kg饲料添加20g）+氟苯尼考粉（每1kg饲料添加2~3g）。

3天后，芽孢杆菌粉（每1m³水体0.25~0.3g）+红糖浸泡1h后全池泼洒。

注意：苗种时期还需要注意浮游动物生物量的控制。

2. 烂身

（1）病原。嗜水气单胞菌。

（2）症状。病鱼体表病灶部位充血，周围鳞片松动竖起，并逐渐脱落，病灶逐渐烂成血红色斑状凹陷，严重时可烂及骨骼。

从水温9~36℃均有流行，水温持续在28℃以上及高温季节后水温仍保持在25℃时尤其严重，发病率高。

（3）防治。第一天，水质保护解毒剂（每1m³水体1~1.5g，1次量），全池泼洒。第二天，聚维酮碘溶液，1m³水体0.45~0.75g，全池泼洒。

停食1天，之后内服保肝宁（每1kg饲料添加20g）+氟苯尼考粉（每1kg饲料添加2~3g）+三黄散（每1kg饲料添加5g）。

3. 肠炎

（1）病原。点状产气单胞菌。

（2）症状。病鱼离群独游，食欲下降，行动迟缓，容易捕捉。体色发黄，黏液增多。腹部常有红斑并胀大，手感柔软，肛门红肿。轻压腹部有血黄色黏液流出。解剖鱼腹，病情轻者食道和前肠充血发炎，严重时全肠发炎呈浅红色，肠内充满黄色脓状液。

（3）防治。预防：鱼种下塘前，聚维酮碘溶液（1m³水体4.5~7.5mL，1次量）药浴20~30min。

治疗：

方案1　水霉清（1m³水体0.1~0.12mL，1次量），全池泼洒。

方案2　鱼必用（硫酸铜、硫酸亚铁粉）（1m³水体0.1~0.15mL，1次量），全池泼洒，隔天再用1次。

三、寄生虫病的防治方法

1. 车轮虫病

参见第三章第五节经验处方：指环虫病防治。

2. 小瓜虫病

（1）病原。多子小瓜虫。

（2）症状。在病鱼的鳃、皮肤、鳍条上，肉眼可见白色小点状胞囊，严重时体表覆盖一层白色薄膜。因病灶处细菌感染，使体表发炎，或局部鳞片脱落，鳍条烂裂。病鱼食欲下降，鱼体消瘦，反应迟钝，或漂浮水面。最终因运动失调、呼吸困难而死亡。

（3）防治。参见第三章第五节经验处方：小瓜虫病防治。

四、营养性疾病的防治方法

1. 病原

饲料配方中营养失衡、原料变质或蛋白中必需氨基酸、营养成分不全。

2. 症状

常见的是脂肪肝病、维生素缺乏症。病鱼肝脏肿大，颜色灰黄，胆囊肿大，胆汁发黑，有的胆汁黄绿。有零星死亡。最先死亡的是长得最大的个体。

3. 防治

（1）提高饲料质量，饲料中粗蛋白含量达到35%以上为宜。饲料中必须添加适量维生素和微量元素（鱼用ABC）。

（2）饲料中长期添加生物活性物质（保肝宁），可大大提高黄颡鱼的机体免疫力和生长速度。

第八章 加州鲈养殖与病害防治

第一节 加州鲈的生活习性

加州鲈学名大口黑鲈,为典型肉食性特种淡水鱼类,主要栖息于清净且有水生植物分布的水域。在池塘养殖中,喜欢沙质或沙泥质不混浊的静水环境,活动于中下水层,性情较驯,不喜跳跃,易受惊吓。加州鲈鱼的适温范围广,在水温1~36.4℃时都能生存,10℃以上开始摄食,最适生长温度为20~30℃。水质要求每升水溶氧量在1.5mg以上;幼鱼爱集群活动,成鱼分散。加州鲈原产地为纯淡水,但经试养验证,在10‰以下盐度、pH值在6~8.5的水体均能适应,同时在我国的长江流域都能自然过冬(图8-1)。

图8-1 加州鲈

第二节 养殖池塘要求

鱼塘最适养殖面积在5~30亩,水深2.5m左右,要求要求池底平坦、沙泥底质，池岸牢固，水源清洁无污染，进排水方便，最好为纯淡水。每个池塘最好配备增氧机1kW/亩（水车、轮式增氧机、涌浪机搭配使用），同时放苗前水温要达到与苗种温度相近，防止应激过大。

第三节 苗种培育

放养前准备工作：对池塘清淤消毒，杀灭敌害生物，多用有益微生物稳定pH值，做好饵料生物培育，施肥培养基础天然饵料，科学驯食、病害预防。

加州鲈对食物具有很强的选择性，驯苗模式尤为关键。在放苗的前5天内，水花主要摄食池塘的小型轮虫、桡足类及枝角类幼体。在土塘培育水花的过程中，由于前期饵料限制，建议培育水花的密度控制在10万尾/亩，如果饵料充足，可放20万尾/亩，不建议超过30万尾/亩，水深控制在1.2m左右，3~5亩的塘口就需要配备0.75kW的水车，料台前面设7~10m^2的围网，最好用黑网覆盖。在培育水花时，当发现有水花漂浮水面，同时底部基本没有浮游动物时，就投喂，浮游动物要准备充足，否则容易导致自相残杀，可备塘口进行培育浮游动物，培虫方法可使用生物肽肥（3kg/亩）对水稀释后全池泼洒，连用3天，"培虫"不足时可再按以上方法培育，使用抽水机在排水口进行收集，用不掉的可以放于冰箱进行冷冻。当池塘中水花减少不足以为鲈鱼苗提供充足的食物时进行驯化，驯化时"鱼虫"的比例逐渐减少，饲料比例从20%逐渐提高到近100%，7~10天可完成驯化（鱼苗由1.5cm增长4~5cm），驯化7~10天进行过筛。筛过的鱼苗过塘进行人工养殖，过筛时，先进行停料1天，筛完后再进行消毒，可使用聚维酮碘进行消毒数分钟，余下还达不到规格的鱼苗可继续按照前面的方法进行驯化，直到全部达到下塘养殖规格。放养塘需保证没有浮游动物方可放苗，同时过筛好的鱼苗此时也可再驯化，如10亩的养殖塘口，用网隔出来1~2亩的养殖区域，将鱼苗暂养15天再放开，这样可增加驯化成功的比例。

刚孵出的鱼苗体近白色半透明,全长7~8mm,集群游动。出膜后第三天卵黄吸收完后即开始摄食丰年虫、小球藻、轮虫,以后摄食小型枝角类、桡足类浮游生物。

在培育水花时,在水花吃完池塘中红虫并集群游上水面时进行驯化,驯化时红虫的比例逐渐减少,饲料逐渐增加,随着水花长大之后逐渐减少次数,7~10天可全部转食配合饲料,不建议使用投饵机驯食。

驯化一周左右进行过筛,筛过的鱼苗过塘进行人工养殖,过筛时,先进行停料一天,筛完后再进行消毒,可使用盐水或高锰酸钾进行消毒数分钟,余下还达不到规格的鱼苗可继续按照前面的方法进行驯化,直到全部达到下塘养殖规格。选用营养全面、适口性好的鲈鱼料,缓慢过渡到大一号料。

第四节 饲养管理

将鲈鱼过筛后按大小分池饲养,放养密度为每亩2 500~3 500尾,保持水深1.5m以上,池水肥度适宜,透明度30cm,呈油绿色。每天投饲2次,主要饲料为鱼糜和浮性颗粒饲料,饲料中添加保肝灵,日投饵量为在池鱼体重的6%。每月用保肝灵、肝肠宝拌饵料投喂2次,每次连喂3天。每天巡塘,在夜间或天气闷热、气压低时开机增氧,及时换水,保持池水清新。鲈鱼塘口最适养殖面积在5~20亩,池塘呈长方形东西走向,水深2~3m,水源选择无污染的河水消毒后进行养殖,养殖水体建议为纯淡水,同时放苗前水温要达到10℃以上,每个塘口配备水车、轮式增氧机、涌浪机、50cm宽弧形围网、料台,最好具有排换水系统。

加州鲈饲料为膨化料,蛋白质占45%~47%,依靠稳定的效果,加州鲈销量持续增长。此外,推出驯化料虫菌发酵料,提高驯化成活率,缩短驯化时间,增强鱼苗体质。

前期培水建议使用硅藻膏,当水温20℃以上时,可以放苗,放苗时泼洒虾蟹应激灵，有效激活鱼苗期机体免疫力，提高对病毒、致病菌的抵抗力。一般幼鱼摄食量可达总体重的50%，成鱼达20%，高峰期体重每月以50%速度增长，一般在100g之前多数投喂4餐（6时30分、10时30分、14时、17时），100g以上一般投喂3餐（6时30分、10时30分、16时30分），到10月第一批鲈鱼后开始投喂2餐，过年前第二批鲈鱼后可投喂1餐。

为防治肝脏病变，在养殖过程中也可拌益生菌或EM菌，每月拌2个疗程，1个疗程7天，之后使用虫菌发酵料交替拌料。虫菌发酵料，改善水质，对养殖鱼的鲜度、外形、体色，尤其均匀度均比较好，使用虫菌发酵料和配合饲料的加州鲈肉质紧，卖相更佳。

放养模式

加州鲈养殖一般为精养模式，并套养一定量的花白鲢来调节水质。不同的养殖户套养的比例有所不同，并投喂加州鲈鱼专用高端膨化料，见下表。

表　加州鲈放养模式

放养品种	放养密度（尾/亩）	放养规格（尾/kg）
鲈鱼	2 000~4 000	100~400
白鲢	200	10
花鲢	5~10	20

加州鲈鱼食欲旺盛，幼鱼日摄食量可达自身体重50%，必须定时、定量投喂，保证供给足够的饵料，让个体较小的也能吃饱。经多种方式对比和总结经验，采用仔鱼培育成稚鱼，稚鱼分疏育成幼鱼，这样分阶段的培育方式效果较好。

投喂方式："慢快慢"，即刚开始鱼摄食快时投喂也快，到后面摄食减慢时投喂减慢，以不浪费无剩料为原则。加州鲈摄食习性特别，投料机难以控制投喂节奏，容易造成浪费，目前投料机应用不多。投喂时采用均匀抛撒的方式，抛洒范围尽可能大一些。小苗投喂前可开启水泵冲水吸引鱼群。

100 口之前根据鱼苗大小投喂 3~8 次，100 口以后改为早晚各投喂 1 次，冬天水温较低（20℃以下）时改为傍晚投喂 1 次。

第五节 日常注意事项

每日都要巡池，观察鱼群活动和水质变化情况，避免池水过于混浊或肥沃，透明度以 30cm 为宜。

严格防止农药、公害物质流入池中，以免池鱼死亡。

投饲量要适当，切忌过多或不足。

及时分级分疏，约 2 个月 1 次，把同一规格的鱼同池放养，避免大鱼吃小鱼。分养工作应在天气良好的早晨进行。

水温在 20℃以上时，须加强投饲，增强其体质，可使用肝肠宝（板黄散）、保肝灵配合拌料进行投喂，从而提高其抗病、提高免疫力及抗寒能力。

如需要进行拼塘或拼箱的，选择晴暖天气进行，待拼好塘后第二天使用 1 次消毒剂。

池塘逐渐加深水位，最好能达 2m 以上水深，并保持适当的肥度。

冬季拉网或拉箱销售。凡上网的商品鱼需 1 次销售完毕，忌回塘或回箱，以免擦伤或冻伤后，引起来年的鱼生病死亡，往往发病后治愈率较低，水霉病采用硫醚沙星控制。

第六节 疾病防治

鲈鱼在人工高密度养殖条件下容易发病，必须加强病害预防，定期对养殖池塘、食台进行药物消毒，发现疾病及早治疗。重点防治主要疾病肠炎病、烂鳃病、出血病、水霉病和寄生虫病。

加州鲈的常见疾病包括几大类。

一、寄生性（指环虫、车轮虫、斜管虫、杯体虫、锚头蚤）

(一) 指环虫病

1. 病原

指环虫。

2. 危害

鲤、鲫、草鱼、鲢、鳙、鲈、鳜、罗非鱼、金鱼，春末秋初流行。

3. 症状

寄生于体表和鳃上，破坏鳃丝和体表上皮细胞，刺激鱼体分泌大量黏液，鳃瓣浮肿，灰白色。夏花阶段鳃盖张开，鱼体发黑。

4. 防治

参见第三章第五节经验处方：指环虫病防治。

(二) 车轮虫病

1. 病原

车轮虫。

2. 危害

各种海、淡水鱼，终年发生，多见于5—8月。

3. 症状

体表黏液增多，鳃组织腐烂，鱼体发黑。有时苗种出现"白头白嘴"现象或成群绕池狂游，需镜检确诊。

4. 防治

参见第三章第五节经验处方：车轮病防治。

(三) 斜管虫病

1. 病原

斜管虫。

2. 危害

各淡水品种的苗种，水温 8~18℃ 时流行。

3. 症状

大量寄生时引起体表黏液增多，鳃组织破坏，病鱼呼吸困难，游动缓慢。常和其他寄生虫病并发，需镜检确诊。

4. 防治

参见第三章第五节经验处方：原虫病防治。

(四) 杯体虫病

1. 病原

杯体虫。

2. 危害

杯体虫多附着在鱼的皮肤、鳃上。全国各养鱼地区各种淡水鱼上都有寄生，但只有大量寄生时，才会引起鱼苗、夏花死亡。

3. 症状

当大量寄生时引起鳃上、皮肤上黏液增多。

4. 防治

参见第三章第五节经验处方：原虫病防治。

(五) 锚头鳋病

1. 病原

多态锚头鳋。

2. 危害

草鱼、鲢、鳙、团头鲂、鲤、鲫、泥鳅，全年可见，水温15~33℃时严重。

3. 症状

病鱼体表或口腔处可见大型虫体，寄生处充血发红，烦躁不安，食欲不旺，继而鱼体消瘦。

4. 防治

参见第三章第五节经验处方：锚头鳋病防治。

二、细菌性疾病

主要是出血病、柱状黄杆菌病。

1. 病原

迟缓爱德华氏菌、诺卡氏菌、气单胞菌、柱状黄杆菌（图8-2）。

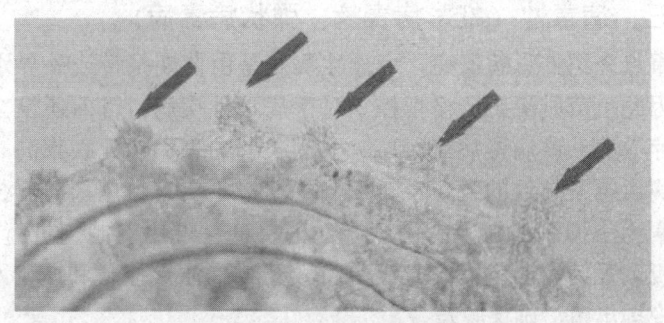

图8-2 显微镜下的柱状黄杆菌

诺卡氏菌：诺卡氏菌是革兰氏阳性菌，最适生长繁殖水温为25~28℃的"次高温"。发病初期体表有少量点状出血和小的溃疡灶，有部分鱼体表有脓包，挑破有脓汁流出；发病到中后期体表溃烂，在肝脾肾内脏器官形成肉芽肿，严重的在内脏形成脓包；有部分发病鱼在鳃丝上都能发现白色棉絮状结节。诺卡氏菌以腐生为主，所以在腐烂的冰鲜中居多，因此诺卡氏菌病更多见于投喂冰鲜的养殖模式，所以建议全程使用配合饲料，定期使用肝脏病变；在养殖过程中也可拌乳酸菌，每月拌2个疗程，1个疗程7天，之后使用饲料交替拌料。

黄身：一些养殖户使用了含有丫啶黄、菊酯类、芽孢杆菌药物，或因冰鲜杂鱼的脂肪氧化酸败导致黄身，需要注意合理使用杀虫药。

2. 危害

主要危害鱼苗和鱼种，死亡率高。对于"熟身"，一般建议养殖户在天气变化时用聚维酮碘溶液进行消毒，泼洒虾蟹应激灵增强机体抗应激能力，内服抗生素5~7天抑制细菌，使用增氧解毒剂和强力底净组合进行改底。加州鲈、鲢、鳙、鲤、鳗也有感染。终年可见，4—11月流行，6月和9月为发病高峰期。

3. 防治

参见第三章第五节经验处方：出血病防治。

三、病毒性（虹彩病毒病、弹状病毒病）

重点介绍虹彩病毒病：病毒性疾病是由苗期携带或外界水体感染，因此鱼苗质量要严格把控。对于病毒性疾病，目前还没有有效的治疗方法。该病毒病流行广、时间长、损失大、死亡率高。对于虹彩病毒感染导致的死鱼，对发病的塘口不要盲目用药拌料，因为抗生素无法抑制病毒。少用刺激性消毒剂，可用碘制剂进行消毒，增氧机勤开，病毒病发作时没有特效药物，注重控料和改善水质，提前安排出鱼，确保收益。

1. 症状

体表、肌肉或内脏器官不同程度地出现斑点片状出血，严重时肌肉全部发红，鳃出血或苍白色，有时有腹水，肠道充血、糜烂、无食物。

2. 防治

参见第三章第五节经验处方：病毒病防治。

四、真菌性（水霉）

1. 病原

水霉或绵霉感染伤口。

2. 危害

养殖鱼类均可发生。发病季节主要在早春、晚冬，15~20℃时较为严重。鱼卵可感染。

3. 症状

体表或卵的表面长有成团的灰白色絮状物。

4. 防治

参见第三章第五节经验处方：真菌性病防治。

第九章　鳗鱼养殖与病害防治

鳗鱼，别名：白鳝、白鳗、河鳗、鳗鲡、青鳝、日本鳗。鳗鱼是指属于鳗鲡目分类下的物种总称，是一种外观类似长条蛇形的鱼类，具有鱼的基本特征。此外鳗鱼具有洄游特性。鳗鱼属鱼类，似蛇，但无鳞，一般产于咸淡水交界海域。鳗鱼的仔鱼体长6cm左右，体重0.1g，但它的头狭小，身体高、薄又透明像片叶子一般，所以称为"柳叶鱼"。它的体液几乎和海水一样，所以可以很省力地随着洋流作长距离的漂送。从产卵场漂回黑潮暖流再流回我国台湾的海边大概要半年之久，在抵达岸边前1个月才开始变态为身体细长透明的鳗线，又称为玻璃鱼。它的性别受环境因子和密度的控制，当密度高，食物不足时会变成公鱼，反之变成母鱼。在我国台湾河流中由于鳗鱼数量很少，所以大多是母鱼，见下图。

图　鳗鱼

第一节　鳗鱼分布范围

鳗鱼主要分布在中国长江、闽江、珠江流域、海南岛及江河湖泊中。

常见的有：欧洲鳗、美洲鳗、日本鳗、澳洲鳗、非洲鳗、印尼鳗。

第二节　鳗鱼养殖技术

一、鳗鱼鳗苗放养

鳗鱼苗种培育就是把鳗苗养成 10g 以上鳗种的生产过程。这一阶段需要经过一级池、二级池、三级池 3 种不同类型池塘的培育。鳗种是成鳗养殖的基础，鳗种的数量和质量直接影响成鳗养殖的好坏。因此，要发展养鳗生产，首先必须抓好鳗鱼苗种的培育。

为了保证鳗苗培育工作的顺利进行，除了做好上述一切准备工作外，还需抓好以下几个生产环节。

1. 鳗苗放养密度

由于养殖方式不同，鳗苗的放养密度也各不相同。一般止水式池放养密度以 $150\sim300g/m^2$，流水池以 $500\sim1\,000g/m^2$ 为宜。以低密度放养成长较快，成活率高。

2. 鳗苗放养时间

由于鳗苗在水温 15℃ 以上才能正式开始摄食与生长，所以露天池培育鳗鱼苗种，以自然水温达到 13℃ 以上时放养较为适宜。这样，鳗苗经过短期暂养适应环境后，当水温上升时即可开食驯养。在广东、福建的鳗苗放养时间在 3 月初左右。

有加温条件或有温水供给的养鳗场，鳗苗的放养时间应尽量提早，这样可以延长饲养期，提高鳗种的产量和质量。

3. 鳗苗的计数和过秤

为了控制鳗苗的放养密度，在放养时必须计数，算出每个一级池放养的重量、规格和尾数。具体做法是：先将网箱内的鳗苗轻轻搅匀，然后随机取样 2～4 次，每次称取 50g，放在鳗苗捞海中用小碗或小勺过数，然后求出平均规格。最后算出每千克鳗苗尾数，从而得出平均规格。

4. 鳗苗对环境的适应

鳗苗经长途运输，处于疲劳状态，加上运苗容器内温度与池水温度差距过大（特别是加温培育池），故需有一个适应过程，具体做法是：将鳗苗箱置于池边，逐渐用池水淋鳗苗箱，待鳗苗体温接近池水水温（一般不相差5℃）时才将其放入事先置于池中的网箱内；如果用尼龙袋充氧运输，可先将尼龙袋连苗放入池中，待袋温接近池水温度时再拆袋将鳗苗放入网箱内。鳗苗一般暂养30~60min（开增氧机），待活动正常后撇除死苗、污物，分别过秤、计数放入各个鳗苗培育池内。

5. 鳗苗消毒

鳗苗体质娇嫩，在放养时必须进行消毒。消毒方法为药浴，一种是用容器进行药浴，一种是全池泼洒药浴。

（1）消毒步骤与方法。用容器药浴时，一般在大水缸中进行，故又称缸浴。具体做法是，先在缸内盛清水300~400kg，然后按药物用量比例，先溶化在少量水中再倒入缸内，并开启曝气机进行曝气，不断搅动水，使药液均匀分布，然后称取5kg左右鳗苗连篼一起浸入药液中药浴10~15min后，即可取出鳗苗放养。全池泼洒药浴在傍晚进行，把药物溶解后直接泼洒在一级池中，开增氧机搅水，使药液均匀分布。

（2）消毒药物。常用的药物主要有次甲基蓝和食盐。

（3）消毒时间。容器内药浴在鳗苗下池前进行；全池泼洒消毒在鳗苗下池后的当天傍晚进行。

二、鳗鱼露天止水式养殖

露天止水式养殖是中国的主要养殖方式。鳗场的规模以50亩为宜。养殖设施主要包括鳗池、注排水系统和附属设施。利用江河、湖泊、水库及地下水作为水源，一般每天仅交换池水的1/10~1/7。主要依靠浮游蓝藻和水车或增氧机增氧，以改善水质。其优点是建池成本低、耗电省。缺点是产量较低，一般亩产仅1 000~2 000kg。

（一）养殖设施

1. 鳗池规格

鳗池可分一级池、二级池、三级池和成鳗池 4 种。鳗场中这些池子的比例分别为 2∶8∶15∶75，即一个 50 亩水面的鳗场，一级池 1 亩，二级池 4 亩，三级池 7.5 亩，成鳗池 37.5 亩。这些池子的用途及规格如下。

一级池：用于鳗苗引食训练，并将鳗苗养到 0.2g 左右。面积为 $50\sim60m^2$，池深 $0.8\sim1.0m$，水深 $0.5\sim0.6m$。

二级池：饲养体重 $0.2\sim2g$ 鳗种。面积为 $200\sim400m^2$，池深 $1.2\sim1.5m$，水深 $0.8\sim1.0m$。

三级池：饲养体重 $2\sim20g$ 的鳗种。面积 $400\sim800m^2$，池深 $1.4\sim1.5m$，水深 $1.0\sim1.2m$。

成鳗池：将体重 20g 左右的鳗种养成 $150\sim200g$ 的食用鳗。面积 $800\sim1\,200m^2$，池深 $1.5\sim1.6m$，水深 $1.0\sim1.2m$。

2. 鳗池形状与结构

各级鳗池的形状以圆形或正方形切去四角为好。根据鳗鱼善逃、难捕和对水质要求较高的特点，在结构上必须具备防逃、易捕和注排水方便的功能。池壁有用块石、砖浆砌，混凝土现浇和混凝土预制板拼切 3 种形式，四周池壁垂直光滑，壁墙高 $0.8\sim1.6m$，壁顶用盖板"压口"，盖板伸向池内 $5\sim10cm$，堤面要高出水面 $0.3\sim0.5m$。池底有锅底形和平底形两种，要求坚硬、不漏水。底铺 20cm 厚石渣，耙平压实后，再铺 5cm 黄沙密缝，一级池还应用水泥砂浆抹底，以便收苗。锅底形的排水中设在池底中央最低处，平低形池底向排水口倾斜，进水口和排水口交叉相对。注水口设在池壁顶上，高出池塘最高水位 $20\sim30cm$，并伸向池内 30cm 左右；排水口设在注水口对面。外围有三道闸门，第一道网闸起防逃作用，用不锈钢网或聚乙烯筛绢网，其网目，鳗苗池为 $1\sim1.5mm$，鳗种池为 $1.5\sim2mm$，成鳗池为 $2\sim4mm$；第二道板闸或暗箱，底部悬空，压出底层污水；第三道板闸，起溢水作用，使鳗池水位保持恒定。

鳗池对水质要求很高，不仅每个池子要求注、排水系统分开，而且整个鳗场的注、排水水源也必须严格分开。否则，会因鳗鱼粪便及大量微囊藻死亡而引起自身污染，导致鳗鱼严重死亡。

3. 食棚

鳗鱼喜欢在阴暗处摄食，应在向阳背风的池边搭设食棚（包括食台、食场和荫棚）。食场设在食台下面水底，上面铺设石渣或螺壳，要求结实平坦；食台上方搭荫棚。温室与露天池相结合的止水式养鳗，是克服自然条件不足、延长生长期的一种常年养鳗方法。温室养殖，提早了鳗苗的放养时间，达到了提高成活率和快速生长的目的。露天池养殖，利用了广阔的水面，达到了池塘高产的目的。温室养殖具有温度衡定的特点，若保持水质良好，投饲高质量的饵料，进行科学的管理，可保证鳗苗养殖的高产。

（二）**温室养殖**

将温室分三级池进行养殖，一级池鳗苗的放养密度 $0.3 \sim 0.5 kg/m^2$，深60cm。要求水体溶解氧5mg/L以上，pH值7.5~8.5，氨氮0.5mg/kg以下，亚硝酸盐0.2mg/kg以下，透明度要高，温度27℃左右。鳗苗下塘时用呋喃纳酮药浴（溶液浓度10~20mg/kg）或7%食盐溶液药浴。鳗苗下塘后逐渐加温，待2~3天后水温升至27℃时开始引食，晚上在食台处放一盏15瓦灯，食台上放丝蚯蚓，开始若鳗苗摄食不集中可分散多设几个食台。投喂丝蚯蚓每天早晚2次（7时，18时）。每次投喂期间，水质不易污染，每天可根据情况排污换水1~2次。经10天左右引食达到要求后（投喂丝蚯蚓量达到苗体重7~8倍，可逐渐加入白仔鳗饲料），这时把投喂时间移到白天。白仔鳗配合饲料要用水拌软（饲水比例1：1.4），在饲料中要加5%多维鱼肝油，以促进其生长发育。每天投喂量是鳗体重的8%~10%，每天投喂2次（7时，15时）鳗苗经20~30天养殖，规格平均达到3 000尾/kg左右（称黑仔鳗），这时可放到二级池养殖，小规格弱苗仍放回原池饲养（在投饲中暂且投喂适量丝蚯蚓继续加强饲养），分养到二级池的黑仔鳗，经1个月左右养殖，个体生长差异较明显，这时应用网或选别机筛选，将大规格的分养到本级池养殖，当黑仔鳗平均规格为 800 尾/kg 左右时，可改投黑仔鳗配合饲料。

在二、三级池养殖阶段，应加强水质管理，每天排污 2 次，每天换水量达池水的 1/3~1/2，以保证养鳗池的水质，促进鳗鱼生长。每只池需配备一定的增氧机，增氧机位置应远离食台，运转时使池水旋转，并能把污物集中到排污口。溶氧低时适时开机充氧。

温室除培育黑仔鳗外，还可养殖成鳗，成鳗培育池按 1t 鳗配 1kW 动力增氧机，水质管理与培育鳗种基本相同，但水可适当肥一些，水色以黄绿色为好。

（三）露天池养殖

当 5 月底、6 月初露天池水温达到 25℃ 时，即可把黑仔鳗放到露天池养殖，养成大规格鳗种（20g/尾以上）比较有保证。为了提高单位面积产量，投高设备利用率，应采取高密度和轮捕轮放的养殖方法。

露天池的水质要求与温室不同，溶解氧需在 4mg/kg 以上，pH 值 7.5~9，透明度 15~20cm。养鳗池水体的溶解氧主要靠浮游植物，特别是蓝藻类中微囊藻的光合作用所产生。这就需要接种或培育水体中的浮游植物。在早晚或阴雨天，水中溶解氧低时，则要依靠增氧机增氧，以满足鳗鱼生长需要。

露天池饲养过程中，每天需定时投喂饲料 1~2 次（50g/尾以上规格每天 1 次），投喂时间 7 时（夏季稍提前，秋季稍拖后），每天投喂成鳗饲料量占鳗体重的 2%~3%，成鳗饲料中应加入多维鱼肝油 5%~10%，投喂饲料量还应根据水温、天气变化灵活掌握。水温在 28~30℃ 时，生长最快。投饵量也应适当加大。

春末夏初，露天池中会因水蚤大量繁殖，影响鳗的正常摄食，每月可用 0.3~0.4mg/kg 敌百虫全池泼洒。若轮虫大量繁殖应更换池水，并撒布消石灰。还可以放养鲢鱼或罗非鱼（每亩 100~200 尾）间接灭之。

（四）病害防治

饲养管理中要防止鳗体表损伤及鳗病的发生。在温室养殖中，寄生虫病发生较普遍，影响鳗鱼正常摄食。如发现车轮虫病可用 30mg/kg 浓度的福尔马林溶液全池泼洒，24h 即可治愈。平时定期（1个月左右）预防。发现指环虫病可用 0.4~0.5mg/kg 的敌百虫溶液全池泼撒。

温室养鳗池在空闲时间还应重视消毒处理，预防细菌性病害，在放鳗前 3~4 天应再用 5~10mg/kg 漂白粉消毒 1 次，每次筛选归类鳗鱼出池，也应结合消毒处理。露天池塘在干塘清池时，要排除池底污泥，并用石灰消毒。

水质调节：培养和管理好鳗池水质，是养鳗高产的可靠保证。

1. 培养微囊藻，增加水中溶氧

由于鳗池水中的溶氧来源主要依靠蓝藻中的微囊通过光合作用产生的，因此，当池水中的微囊数量少，透明度过大时，应从附近池塘中捞取微囊藻种，放入鳗池，并施肥，使其迅速繁殖、生长。

2. 掌握好水色

池水要保持浓绿，透明度以 25cm 左右为宜。

3. 及时除虫

浮游动物是微囊藻的大敌，尤其是轮虫影响最大，为限制轮虫繁殖，可在鳗池中搭养一定数量的鳙鱼，一般每亩可搭养 2 龄鳙鱼 10~20 尾。若浮游动物仍然繁殖过快，则可用晶体敌百虫泼洒，使池水呈 0.5~1mg/kg 浓度。

4. 适时开机注水

同时，每天应换水 1/10~1/7，换水时，应将池水中的残饵、粪便排出池外。

（五）成鳗养殖

成鳗养殖是把体重 20g 以上的鳗种养成体重 150~200g 的商品鳗的生产过程。成鳗养殖有专养和混养两种形式。

池塘专养：就是在池塘中高密度单养鳗鱼，一般露天池亩产 1 000 kg 以上。

鳗种放养：鳗种放养前，应对鳗池和鳗种进行药物消毒，然后才能放入鳗池饲养。放养时间一般在3月中下旬到4月上旬，水温13℃以上时进行。放养密度视产量指标、鳗池条件、鳗种规格和养殖技术因素确定。一般亩产1 000 kg以上的放养量为鳗种规格20g左右，亩放150~200kg；规格50g左右，亩放300~400kg。半流水池塘的放养密度，每1m^{2}可放体重20g左右的鳗种3~5kg，设备良好的流水池1m^{2}可放10~15kg鳗种。

饲养管理：饲养管理工作主要包括投喂饲料、轮捕轮放、水质管理、鱼病防治内容。

投喂饲料：养鳗饲料有新鲜饲料和配合饲料两类。投喂方法采用"四定"原则。每天9—10时投喂1次，在水温25℃的日投饲量，配合饲料为存塘鳗总重量的2%~5%，新鲜饲料为10%~15%。早春或晚秋水温较低，或水温超过30℃的时候，日投饲量可酌情减少。一般要求投下饲料20min内吃完为度。鳗料搅拌要均匀、柔和。搅拌好就要立即投喂。

轮捕轮放：鳗鱼在饲养过程中，个体生长速度差异很大，必须采取分期放养、分期捕捞、捕大留小、捕大补小措施。一般每隔1个月左右分级分稀1次，使同池鳗鱼规格整齐，密度合理。3月底放养的鳗种，6月初已有部分达到上市规格，即可进行第一次捕捞；6月以后，水温升高，鳗鱼欲旺盛，生长快，至7月下旬可进行第二次捕捞，捕捞后立即补放鳗种；9月初又有相当数量达到上市规格，进行第三次捕捞；11月中旬进行清塘捕捞，将未达到上市规格的留作翌年春放鳗种。分级分稀前1~2天就要停止喂食，并要更换池水，实行原池吊水，使鳗鱼排空肠胃内食物，再用光滑鱼筛进行选别。操作要小心细致，防止损伤鱼体。

水质管理措施可参照苗种培育阶段的做法。

池塘混养是在养殖四大家鱼的鱼塘中混养鳗鱼，有不投鳗饲料和投鳗饲料两种方式。前者每亩搭配15~20g的鳗种50~100尾，鳗鱼以鱼塘中的野杂鱼虾、底栖小动物和饲料碎屑为食，年终可捕获体重150~200g的食用鳗10~15kg；后者是进行高密度混养，每亩搭配15~20g鳗种1 000~2 000尾,每天投喂1次鳗鱼饲料,投喂量为鳗鱼总体重的1%~2%。鳗鱼还可兼食池塘中的野杂鱼虾和底栖动物。年终可捕获食用鳗150~300kg。这两种混养方式均已在广东珠江三角洲普遍推广,使鱼塘的经济效益明显提高。

(六) 鳗鱼土池养殖

1. 池塘选择与消毒

养殖鳗鱼的土池要求通风向阳、水源充足,面积不宜过大,在土池的四周种植0.8~1m宽的水浮莲或水花生,并用篱笆或网片围栏,这样既可防止鳗鱼外逃,又可遮阴,利于其生长。

放养前应挖除土地内过多的淤泥,平整池底,修好池埂和进、排水口,在鳗种下池前10~15天每1 000 m^2 用生石灰100~125kg清池消毒,彻底杀死野杂鱼和敌害生物。然后在鳗种下池前5~7天注水0.6~0.7m深,进水口用60目筛子过滤。最后施基肥,一般每1 000 m^2 泼施腐熟猪牛粪300~400kg,待水呈淡绿色或黄褐色后再放鳗种,使其下池后可吃到充足的天然饵料。15天左右将池水加深至1.5m。

2. 鳗种处理与投放

鳗鱼生长的适温为20~28℃,水温在12℃时开始摄食,因此投放时间一般在2月下旬至3月中旬。投放前,先将鳗种包装袋放入水中浸泡20~30min,以适应水温,袋内外温差小于5℃时才能拆袋,然后用小水盆向袋内倒入2~3盆池水,使鳗种从高溶氧状态逐步适应低溶氧状态。同时,投放前还应进行鳗种消毒,每50kg水用食盐0.75~1kg浸洗鳗种15~20min。

投放的鳗种要求体色青灰、肌肤丰润、富有弹性、游泳活跃,同池鳗种规格要整齐一致,否则因鳗鱼间的相互争食会影响个体弱者的摄食。放养密度一般为每1 000 m^2 可投放4 000~5 000尾20g左右的鳗鱼;50g左右的可投3 000~4 000尾;100g左右的可投放2 000~3 000尾。同时每1 000 m^2 土池可混养鳙鱼50尾、鲢鱼30尾、罗非鱼200尾,一方面可滤食浮游生物,食净鳗鱼排泄的粪便,起到净化水质的作用；另一方面又可增加鱼产量。

3. 饲料种类与投喂

鳗鱼的饲料及投喂技术。鳗鱼饲料的配方及配制技术已基本成熟，饲料原料齐全，选购也方便。

（1）鳗鱼饲料的主要原料及稳定性。鳗鱼饲料中主要原料是鱼粉和a-淀粉；要求鱼粉新鲜、蛋白质高、组胺和挥发性盐基氮低，同时鱼粉质量要稳定，保持生产的每批鳗鱼饲料的品质和味道相对一致；要求a-淀粉不但黏性高，还需与鱼粉配合度好，保证鳗鱼饲料黏弹性好。

（2）鳗鱼饲料中饲料添加剂的使用。鳗鱼饲料要求高蛋白和高脂肪；在高密度的鳗鱼养殖过程中，要靠高的投喂率促进鳗鱼的生长，就需要添加一些助营养物消化和抗压的添加剂，如酶类（蛋白酶、脂肪酶）、促脂肪消化吸收的卵磷酯、胆碱、胆汁酸、维生素。

鳗鱼人工养殖主要依靠专用配合饲料（市场有售），并在每50kg专用饲料中添加多维素（维生素A、维生素B、维生素C、维生素E）50~60g、鱼肝油1.5~2kg（水温在20℃以下或35℃以上应停供鱼肝油）。幼鳗适当少加，成鳗多加。若暂时缺少专用饲料，可用小杂鱼、畜禽内脏、蚕蛹动物性饲料绞碎拌面粉代用，其粗蛋白质含量必须在40%以上。

鳗鱼是肉食性鱼类，贪食。投喂时要实行"四定"原则，即定质、定量、定时、定位。定质：即保证饲料的质量。调制好的饲料要软硬适度（加水量为1.2~1.3倍），新鲜洁净，不能变质腐败。定量：即投喂量要根据鳗鱼的规格、摄食、消化及天气、水温、水质状况适量投喂。一般日投饲量为鳗鱼体重的1.5%~2.5%，以12h内吃完为宜。定时：即鱼体规格小、密度大，每日8时、16时左右各投喂1次；鳗鱼规格在100g以上，每日8—9时投喂1次即可。定位：即饲料投放在固定食台上，每1 000 m^2 土池可设置2~3个食台。

4. 日常管理与防病

每天早晚巡池，观察鳗鱼活动与摄食状况，雨后检查排水口，防止逃鱼。平时每 10~15 天加注新水 1 次，夏、秋季每 5~7 天 1 次，每次换水量为全池的 10% 左右。同时注意使 pH 值在 7~8.5，pH 值过高时应换入新水，过低则每 $1\,000\,m^2$ 用 15~20kg 生石灰调节。

（1）病因症状。夏季高温期，鳗鱼摄食过饱，排污不彻底，池内有机碎屑腐烂变质；暴雨导致水源变化；用刺激性很强的杀虫药频繁地杀虫是导致鳗鱼发生鳃病的潜伏性因素，而寄生虫导致鳃丝的缺口，极易引起病原微生物的滋生，最终导致鳗鱼鳃病的暴发。

鳗场不同、鳗鱼种类不同（指日本鳗和欧鳗），但发病鳗鱼症状基本相同：病鳗体表呈黑白相间的花斑环状条纹，有些发病严重的鳗鱼，胸鳍充血发红，肛门红肿外突，轻压鳃盖，有黄色脓液流出；解剖内脏，肝变白（有些与用药有关），胆囊肿大，胃、肠内空，外壁布满血丝，严重的腹腔内积满血水；剪开鳃盖，绝大多数病鳗鳃丝呈花白相间条纹，第二片或者第三片鳃瓣鳃丝有一大块缺损，缺损鳃丝创伤处附着一层泥巴脏物，刮掉脏物，剪缺损处鳃丝在显微镜低倍镜下镜检，认真观察即可见呈分叉树枝状的鳃霉菌丝附在病鳗鳃上。

另外，有些鳗场由于前期寄生虫处理不彻底，鳃丝上也可能会有车轮虫（体表表皮也会寄生）或者指环虫感染。

（2）治疗方法。对于综合性鳃病的治疗，一般是先杀寄生虫，后治鳃霉病，最后治细菌性疾病，但根据不同的鳗场鳗鱼发病程度不同，在下面全部治疗过程中，对某些步骤有适当取舍。

①处理细菌。通过镜检或者通过用药发生的病死鳗数量判断确定鳃霉已不再是主要病原时，即可开始处理细菌。首先，用 10% 氟苯尼考 $7g/m^3$ 连续药浴 2 次，每次 24h；其次，用聚维酮碘或者其他碘类制剂连续药浴 2 次，以预防病原菌二次感染。

在整个治疗过程中，如果鳗鱼有食欲，最好坚持投饵，但是日投饵率应控制在 1.0%~1.2%。同时拌料时添加"维生素 C"1.5 g/kg 料，"维生素 E"1g/kg 料，"板蓝根冲剂"5g/kg 料。每次排污应彻底排干净。池内病死鳗鱼及时捞出。

养殖鳗鱼，鳗鱼发生疾病不可避免，及时正确地判断病症、确定病原是治疗疾病的关键。就流行的鳗鱼综合性鳃病，一些用上述方法治疗的鳗场都收到非常明显的效果。

②有寄生虫感染。剪取病鳗鳃片制成玻璃压片，在显微镜低倍镜下镜检，如果一个视野内有指环虫5个以上，或者车轮虫10个以上，就必须先处理寄生虫。参见第三章第五节经验处方：指环虫、车轮虫病防治。

③处理鳃霉。首先，"食盐"1‰ + "小苏打"1‰ + "亚甲基兰"$2.5g/m^3$连续药浴2天，然后大量换水；如果鳗鱼病情恢复明显，可以考虑"亚甲基蓝"$2.5g/m^3$再用2~3天，或者用上述过程方法重新来1次。另外在鳗鱼疾病治疗中，有些鳗场实际上主要病原除了寄生虫以外，就只有鳃霉，一直处理鳃霉鳗鱼即可完全康复。

第十章 泥鳅养殖与病害防治

泥鳅是鳅科、泥鳅属鳅类。体长形，呈圆柱状，尾柄侧扁而薄。头小。泥鳅广泛分布于亚洲。

第一节 形态特征

体长形，呈圆柱状，尾柄侧扁而薄。头小。吻尖。口下位，呈马蹄形。须5对（吻须1对，上颌须2对，下颌须2对）。体上部灰褐色，下部白色，体侧有不规则的黑色斑点。背鳍及尾鳍上也有斑点。尾鳍基部上方有一显著的黑色大斑，其他各鳍灰白色，见下图。

图 泥鳅

第二节 栖息环境

泥鳅为底栖鱼类，喜生活于有底淤泥的静水或缓和流水域中，如湖泊、池塘、稻田、沟渠、水库，喜中性或偏酸性的黏性土壤，适宜的生活水温为10~32℃，最适水温为22~28℃；当水温在10℃以下或30℃以上时，泥鳅活动明显减弱；水温低于5℃或高于35℃

以上时，就潜入泥中停止活动。冬季，泥鳅钻入淤泥 20~30cm 处越冬，到翌年春天，水温达 10℃ 以上时，才出来活动。

第三节　生活习性

　　泥鳅在底泥中或水的底层淤泥中活动，且喜昼伏夜出，长期在黑暗环境使其视力退化。但触须、侧线却十分敏感，在避敌和觅食活动中起到关键作用。泥鳅除了用鳃呼吸外，还能进行肠呼吸，所以它对低溶氧的忍耐力很强。在缺水的环境中，只要泥土保持湿润，泥鳅仍可存活很长时间。泥鳅对环境的适应性很强，因而在鳅科 100 余种鱼类中，唯独泥鳅数量最多，分布最广。

　　泥鳅摄食淤泥中藻类底栖生物，也取食浮游动物。人工喂养时，可投喂昆虫、小型甲壳动物、水蚯蚓、嫩植物茎叶，也可投喂豆饼、豆渣、糙糠。

　　泥鳅是杂食性鱼类，体长 5cm 以下的鳅苗主要摄食动物性饵料，如轮虫、枝角类、桡足类浮游动物，体长在 5~8cm 时，除了摄食小型甲壳动物、昆虫幼虫、水蚯蚓外，还摄食高水生植物、藻类和有机碎屑，以后逐渐变为杂食性鱼类，几乎无所不食，凡水中和泥中的动植物及有机碎屑，都是泥鳅的天然饵料。泥鳅对动物性饵料最为贪食，特别爱吃鱼卵。亲鳅产完卵后，如果不及时取走，往往会把自己产的卵吃掉。泥鳅觅食主要是靠口须来完成，它的 5 对触须既是"探测器"帮助寻找食物，又是"过滤器"帮助分拣食物，可口的送入口中，不可口的弃掉，边吃食、边寻找、边移动。由于泥鳅取食广泛，所以与其他鱼类混养往往能起到"清洁工"的作用。泥鳅白天大多潜伏在泥中，喜上半夜外出觅食，如果环境安静，有时白天也出来活动。在人工养殖条件下，白天投喂是完全可以的。一般情况下，泥鳅肠胃中的食物为其体重的 8%~10%；在繁殖季节，摄食量则更大些，泥鳅不同生长阶段的食物是不完全一样的。

第四节　繁殖方式

　　泥鳅一般 2 龄时开始性成熟。其繁殖季节是 4—9 月，6—7 月为繁殖盛期。通常情况，19℃以上开始产卵，24℃左右产卵量大，繁殖活动强烈。泥鳅是1年多次产卵的鱼类，产卵常在雨后夜间进行，有时白天也产卵。产卵活动期间，泥鳅胆子较大，常到水面上来追逐。泥鳅卵有黏性，卵在水中受精后，粘在水草或水中杂物上孵化，落入水底的受精卵也能孵出仔鳅。雌鳅的怀卵量除个体差异外，与其体长有很大关系，雌鳅怀卵量为2 000~24 000粒。泥鳅的卵为圆形，米黄色，半透明，卵径0.8~1mm，吸水后达1.2~1.5mm。水温20℃以上时，孵化期为2~4天。

第五节　养殖技术

一、池塘养殖

选择向阳、进排水方便、含腐殖质适中的黏质土壤建池塘，池塘四周有高出水面40cm的防逃设施，用水泥板、砖块、硬塑料板或三合土压实筑成，也可用聚乙烯网布沿池塘的四周围栏，网布下埋置硬土层，水深40~50cm即可，池底铺20~30cm厚的软泥。池壁要夯实并高出水面30~40cm，比地面高20~25cm。在池内近出水口处设一个占池面积5%~10%的鱼溜（集中鱼的地方），鱼溜比池底低20~30cm。进水口要高于水面15~25cm。简单说就是进出水口必须设有拦鱼网。进水口、溢水口、排水口用密网布包裹，池底向排水口倾斜，并设置与排水口相连的鱼溜，其面积约为池底的5%，低于池底30~35cm。池中投放浮萍、水葫芦水生植物，覆盖面积约占总面积的1/4。

泥鳅放养前先常规清塘。泥鳅苗下池前10天，用生石灰20~30kg/100m^2，带水清塘消毒。消毒后用30~45kg/100m^2的腐熟人畜粪作基肥，池水加至30cm。待水色变绿，透明度为15~20cm后，即可投放泥鳅苗。具体操作如下：每100m^2水面撒8~10kg生石灰，2~3天后加水。7天后排干，然后放进新水，水深20~30cm，再培肥池水。

二、培育鳅种

泥鳅苗出膜第 2 天便开口进食,饲养 3~5 天,体长即可达到 7mm 左右,卵黄囊消失,营外源性营养,能自由平游时,可下池进入苗种培育阶段。泥鳅苗的放养密度以 1 000~1 500 尾/m^2 为宜,有微流水条件的可适当增加。同一池中要放养同批卵化、规格一致的泥鳅苗,经过 30 天左右的培育,可长成 3~4cm 的泥鳅种,开始有钻泥习性时即可转为成鳅养殖。

三、成鳅养殖

消毒。鳅种放养前可用 8~10cm/kg 漂白粉液进行消毒,水温 10~15℃时浸洗 20~30min。每平方米放 3~4cm 的泥鳅种 50~60 尾。在泥鳅池中可适当培养草鱼、鲢鱼、鳙鱼中上层鱼类夏花鱼种,不宜搭配罗非鱼、鲤鱼、鲫鱼。

投饵。刚下池塘的泥鳅苗,需投喂轮虫、小型浮游植物适合口味的饵料,同时适当投喂熟蛋黄、鱼粉、豆饼精食料。泥鳅苗体长达 1cm 时,已经可摄食水中昆虫、有机物碎屑,可投喂煮螺蚌肉动物性饲料,每日 2~3 次,切忌撒投。初期日投饲量为泥鳅苗总体质量的 2%~5%,后期为 5%~10%。泥鳅喜肥水,应及时追施经过发酵的鸡粪、鸭粪等有机肥,每次用量为 50kg/100m^2。

日常管理。做好水质管理,及时加注新水,调解水质。根据水质肥度进行合理施肥,池水透明度控制在 15~20cm,水色以黄绿色为宜。当水温达到 30℃时要经常更换池水,并增加水深;当泥鳅常游到水面浮头"吞气"时,表明水中缺氧,应停止施肥,注入新水。冬季要增加池水深度,并可在池角施入牛粪、猪粪厩肥,以提高水温,确保泥鳅安全越冬。

养殖管理。养商品泥鳅可施肥(沼液、腐熟猪粪及家禽粪便)培育天然饵料,施肥量视天气和水色而定(透明度 20~30cm)。当透明度降低,泥鳅不断浮出水面呼吸空气,应停止施肥,减少投饵并加注新水。商品泥鳅除施肥外,还应投喂饵料,常规鱼用饲料均可作饵料。泥鳅苗种刚下池时,每天傍晚投喂 1 次,以后逐渐改为白天投饵，8时、14时各投1次。日投量占泥鳅体质量的2%~8%，视水温和摄食情况增减。饵料投放在食台上或竹篮内，把竹篮沉到水底，泥鳅吃完后提出篮子。

第六节 池塘混养

池塘混养即和其他鱼类混养，如和鲢鱼、鳙鱼、草鱼、鳊鱼混养。这种养殖方式的选塘、清塘、消毒、放养和池塘养殖相同。混养的优点：不需专门给泥鳅投喂较多饵料，只需给其他鱼类投饵，而鱼类吃不完的饵料和排出的粪便即为泥鳅的食物来源。这种养殖方式效益高，水面利用价值大，值得大力推广。

第七节 坑塘养殖

这种养殖方式是利用房前屋后的小型肥水坑塘养鳅，坑塘面积可大可小，十几平方米到四五十平方米均可。一般常规鱼类在这种坑塘中会因有机质过多、溶氧不足而导致缺氧死亡。泥鳅因具有特殊的呼吸器官而在这种坑塘中生长良好。坑塘养鳅每平方米可放养120尾左右，其管理方法与池塘养殖相同，一般只需投喂猪粪、鸡粪一类的有机肥料和农家的残存剩品，如米糠、菜饼，即可获得较高产量。

第八节 稻田养殖

中国南北方稻区广阔，利用稻田养鳅，既节约水面，又能获得粮食，经济效益显著，是发展高效农业较好的种养模式。

第九节 病害防治

烂鳍病（赤鳍病）主要流行于夏季，泥鳅背鳍附近表皮脱落，肌肉腐烂。用 10~50mg/kg 的氯霉素溶液或土霉素溶液浸洗 10~15min，每天1次，连用5天；或用 10mg/kg 的四环素溶液浸洗 24h，小鱼池可全池浸洗 12h 后换水。

泥鳅打印病流行于7—8月，泥鳅尾部两侧有红斑。用漂白粉全池消毒，使池水浓度为1mg/kg，或用5倍于全池用药，池水浓度为2~4mg/kg。

泥鳅车轮虫病流行于5—8月，病鳅离群独游，摄食减少或停止，大量死亡。用福尔马林全池泼洒，浓度为30mg/kg，或用硫酸铜硫酸亚铁合剂（5∶2）全池泼洒，浓度为0.7mg/kg。

第十一章 黄鳝养殖与病害防治

黄鳝又名鳝鱼。常生活在稻田、小河、小溪、池塘、河渠、湖泊淤泥质水底层,在中国各地均有分布,生产期在3—10月,以6—8月所产的最肥。

第一节 黄鳝形态特征

黄鳝体细长圆柱状呈蛇形,体长20~70cm,最长可达1m。体前圆后部侧扁,尾尖细。头部膨大长而圆,颊部隆起。口大,端位,吻短而扁平;口开于吻端,斜裂;上颌稍突出,唇颇发达。上下颌及口盖骨上都有细齿。眼甚小,隐于皮下,为一薄皮所覆盖。鳃裂在腹侧,左右鳃孔于腹面合而为一,呈倒"V"字形。鳃膜连于鳃颊。鳃常退化由口咽腔及肠代行呼吸。无鱼鳔这类辅助呼吸的构造,而是由腹部的一个鳃孔,口腔内壁表皮与肠道来掌管呼吸,能直接自空气中呼吸,见下图。

图 黄鳝

体裸露润滑无鳞片,富黏液;无胸鳍和腹鳍,背鳍和臀鳍退化仅留皮褶,无软刺,都与尾鳍相联合。生活时体呈黄褐色,侧线完全,沿体侧中央直走。体背为黄褐色,腹部颜色较淡,全身具不规则黑色斑点纹,黄鳝的体色常随栖居的环境而不同。体鳗形,鳍无棘,背鳍、臀鳍延长,与尾鳍相连,无腹鳍。

第二节 黄鳝生活习性与繁殖方式

一、生活习性

黄鳝为热带及暖温带鱼类,营底栖生活的鱼类,适应能力强。生活于水体底层,主要栖息于稻田、湖泊、池塘、河流与沟渠泥质地的水域,甚至沼泽、被水淹的田野或湿地皆可见其踪迹。喜钻洞穴居。黄鳝洞长约为体长的3倍,洞内弯曲交叉。每个沿穴一般有2个以上洞穴。洞穴出口常在接近水面处,以便它将头伸出呼吸空气。

黄鳝日间喜在多腐植质淤泥中钻洞或在堤岸有水的石隙中穴居。白天很少活动,夜间出穴觅食。夜行性,口腔皮褶可行呼吸作用,故可直接呼吸空气。冬季与干季时,会掘穴深至地下1~2m,数尾鱼共栖。鳃不发达,而借助口腔及喉腔的内壁表皮作为呼吸的辅助器官,能直接呼吸空气;在水中含氧量十分贫乏时,也能生存。出水后,只要保持皮肤潮湿,数日内亦不会死亡。

黄鳝为肉食凶猛性鱼类,多在夜间出外摄食,能捕食各种小动物,如昆虫及其幼虫,也能吞食蛙、蝌蚪和小鱼。黄鳝之摄食多属啜吸方式,每当感触到有小动物在其口边,即张口啜吸。是以各种小动物为食的杂食性鱼类,性贪,夏季摄食最为旺盛,寒冷季节可长期不食,而不至死亡。

二、繁殖方式

黄鳝生殖季节在6—8月,在其个体发育中,具有雌雄性逆转的特性,即从胚胎期到初次性成熟时都是雌性(即体长在35cm以下的个体的生殖腺全为卵巢);产卵后卵巢逐渐变为精巢;体长在36~

48cm 时，部分性逆转，雌雄个体数几乎相近；成长至 53cm 以上者则多为精巢。黄鳝产卵在其穴居的洞口附近，产卵前口吐泡沫堆成巢，受精卵在泡沫中借助泡沫的浮力，在水面上发育，雌雄鱼都有护巢的习性。

卵大，卵径 2~4mm，金黄色，富弹性。产卵时成鱼吐泡沫，在洞口积聚成团，卵量较少，不产于泡沫中，产在巢里，7~8 天可孵出幼鱼。生殖腺左侧发达，右侧退化。具有性逆转现象，体长在 200mm 以下的个体其生殖腺全为卵巢；体长 220mm 左右开始性逆转；体长 360~380mm 时，雌雄个体数几乎相近；360mm 以下的，多数为卵巢；380mm 以上的个体多数为精巢；成长至 530mm 以上的个体，则全部为精巢。黄鳝自胚胎期到成熟都是雌性，只能产卵；在产卵以后，卵巢渐转为精巢，以后就产生精子。怀卵量少，体长 500mm 的雌体，怀卵 500~1 000 粒，分批产出。刚孵出的幼鱼具有胸鳍，鳍上布满血管，经常不停地扇动，成为幼鱼的呼吸器官，稍长即行退化。当年幼鱼只能长到 200mm 以内，2 冬龄鱼才达性成熟，体长约 340mm。雌黄鳝生殖腺左右大小不一，右侧发达，左侧退化。一般 2 龄鱼可达性成熟。黄鳝繁殖最大的特点是有"性逆转"现象。从胚胎期间到第一次性成熟是雌性个体，产卵后的卵巢逐渐变为精巢，第二次性成熟时则排出精子，以后终生为雄性。若以黄鳝的长度来划分，则体长在 22cm 以下者全为雌性；36cm 左右，雌雄个体数各占一半；53cm 以上的个体，则全部为雄性。黄鳝的产卵期在 4—8 月，怀卵量较少，一般为 500 粒左右。产卵时亲鱼常在其穴居的洞口吐泡沫，卵就产在洞口附近的水生植物根部或石缝间，泡沫有保持鱼卵的作用。受精卵一般 8 天左右孵出幼鱼，孵出后 12 天左右，幼鱼可主动游泳、觅食，这期间的幼鱼靠雌雄亲鱼保护，依靠卵黄囊营养。

第三节　黄鳝人工养殖

黄鳝的活动习性是昼伏夜出，即白天静卧洞内，晚上出洞觅食。

可根据此习性进行夜间捕捉。黄鳝的鳃呈退化状态，主要依靠表皮和辅助呼吸器官直接从空气中呼吸氧气。因此在氧气含量很低的水中也能正常生活，据此，人工养殖的密度可以加大。黄鳝体表的黏液丰富，只要保持体表潮湿，就不会死亡，因此运输十分方便。

黄鳝的食性以底栖动物性食物为主，如水蚯蚓、螺蚌、蝌蚪、小型鱼虾。另外也摄食一些腐屑和藻类、瓜菜。

黄鳝的生长较缓慢，1龄鱼可长至20cm，2龄鱼长至30cm，3龄鱼可长至40cm。人工养殖的黄鳝，其生长速度与饵料充足与否有关，在饵料充足的情况下，一般要比自然界中生长得快。

黄鳝的活动与水温有密切关系，其生长的适宜水温是15~30℃。水温低于10℃时停止摄食，进入冬眠；水温开至15℃以上，开始正常捕食；当水温超过30℃时，钻入洞穴度夏。

一、黄鳝静水池饲养

静水池饲养的特点是水体交换量小，池底有泥土供黄鳝打洞或人工设置物体供黄鳝栖息。

饲养池的位置选择应是背风向阳，有良好水源，形状可长方形或椭圆形，大小根据饲养规模而定。池子结构有水泥池和土池两种。水泥池通常有地上式、地下式和半地下式三种，地上式水泥池水温随季节变化较大，对养鳝不利，地下式和半地下式较多采用。土池的建筑要选择土质坚硬的地点，最好在池底和池壁铺一层油毡，并且边角都要铺严，然后在油毡上铺土20cm（池壁）和10cm（池底），这样，既可防止池水渗漏，也可防黄鳝打洞逃逸。无论是水泥池还是土池，都要设有良好的进、排水设施，进排水管管径在4~10cm，池内端口设塑料网或铁丝网防逃。

成鳝池建好后，要注水清池，其目的有两个：一是看它是否漏水；二是利用水吸收清除水泥和三合土中的有害物质。新池注排水3~5次，每次浸泡2~3天，可基本将有害物质清除干净。10天后，在排干水的池底铺放20~30cm厚的肥泥，肥泥用青草、厩肥、土壤混匀后沤制而成。池底肥泥铺好后，在池中种植水生植物，如水浮

第十一章 黄鳝养殖与病害防治

莲、水花生、水葫芦，供鳝池降温和黄鳝隐藏栖息。黄鳝池水深保持10cm为宜，最多不要超过20cm。

在鳝苗放养前7天，应对鱼池进行清整消毒，每平方米水面用0.2kg生石灰，均匀泼洒全池。消毒后清洁水灌满全池。在放养时鳝苗运输容器中的水温与鱼池中的水温不能相差过大（3~5℃）。鳝鱼的放养密度根据鳝苗规模大小、饲养管理条件及饲料来源的多少等因素决定。一般在小型鱼池中养黄鳝，以每平方米放养鳝苗2~5kg为好。放养的规模大，数量可相应减少，放养的规模小，数量可相应增加。饲料充足可多放些，饲料不足可少放些。因黄鳝有大吃小互相残杀的习性，因此在放养时要大小规模分池放养。一定要选择体质健壮、无伤无病、规格整齐的鳝苗放养，切忌大小混养。放养的规模最好为每尾鳝苗体重在20g左右，过小过大均不好。在鱼池中高密度养黄鳝也和运输时一样，在放养鳝苗的同时，也要适当放养一些泥鳅，在泥鳅上下窜动时可增加水中溶氧，并可防止黄鳝互相缠绕。

不同生长阶段的黄鳝应投喂不同的饲料，以保证其营养需要。刚孵出4~5天的幼苗，主要投喂水蚤、熟蛋黄、豆浆，其中以水中培养的活水蚤、活轮虫最佳。因此这时主要应培肥水质，使鱼池中有充足的水蚤和轮虫供鳝苗摄食。如鳝苗放养密度较大，也可另池培育或到自然水域捞取水蚤供鳝苗摄食。以后随着鳝鱼的长大，可逐渐投喂蚯蚓、螺蚌肉。同时要搭配一些植物性饲料，如麦麸、米饭、瓜果、蔬菜。饲料中以蚯蚓的饲喂效果最好，每5~6g鲜蚯蚓可增长1g鳝肉。蚯蚓的来源除在野外采集外，还可在房前屋后的垃圾粪堆中饲养繁殖蚯蚓，以供应黄鳝的摄食。投喂饲料要坚持"四定"。黄鳝在自然界生长时，有昼伏夜出的觅食习惯，初养时可在每天傍晚投饲，以后逐渐提早投喂时间，经10天左右的驯养，即可在每日9时、14时、18时分3次投喂，以保证黄鳝有充足的饵料。每次投喂要根据天气水温及残饵的多少灵活掌握，一般投喂黄鳝总体重的5%。

二、黄鳝流水养鳝

流水养鳝与常规的土池养鳝相比，具有占地少、放养密度大、生长快、产量高，管理及起捕方便优点。特别是在具有地热水、工厂余热水的地方，利用温流水饲养黄鳝，更具有良好的效益。

无土流水养鱼池最好建在室内，用水泥砖砌而成。池的面积大小一般为 $2\sim5m^2$，池壁高50cm左右，可数个池子串联在一起。每池设有进排水孔（排水孔为上下2个），孔口均用网罩拦好，并在每两排水池之间设总进水渠道和排水渠道。水泥池建好后，将总排水孔关好，然后灌满水浸泡7天以上，消除水泥的浮灰。将水放干后，再灌入清洁水。将下面的排水孔关好，只开上面的排水孔，使池水保持一定的深度并具有微流水。如使用地热水或电厂冷却水，必须根据当时的气温情况进行水温的人工调控，以使黄鳝在适温下良好生长。为了防止鳝种感染疾病，鳝种放养前要用10mg/L的孔雀石绿溶液浸洗30min，消毒后及时将鳝种放入水泥池中。每平方米可放4~5kg。为了使鳝种习惯于人工投饲，可进行"驯饲"，即在鳝种放养后2~3天不投饲，使鳝体成为空腹状态。鳝鱼在饥饿情况下，投喂人工饲料的摄食率较高。饲料中动物性和植物性的要适当搭配，也可投喂人工配合颗粒饲料。由于不断有微流水供应，特别是有地热水和余热水的温流水，可供黄鳝常年生长，每公顷年产量可高达15万kg以上。虽然这种养殖法中的水泥池基础设施投资较大，但由于产量高，经济效益十分可观。有条件的地区可因地制宜地采用。

三、黄鳝流水鳝蚓合养

1. 建池

选择有常年流水的地方建池。池为水泥池，池面积$30m^2$、$50m^2$、$80m^2$都可以，池壁高80~100cm，在对角处设进水口和出水口，均装好防逃设备。

2. 堆土

在池中堆若干条宽1.5m，厚25cm的土畦。畦与畦之间距离

20cm，四周与池壁也保持20cm距离。所堆的土一定要是含丰富有机质的壤土，以便于蚯蚓繁殖，黄鳝钻洞和藏身。

3. 培养蚯蚓

土堆好后，使池中水深保持5~10cm，然后每1m²土面积放太平2号蚯蚓种2.5~3kg，并在畦面上铺4~5cm厚的发酵过的牛粪，让蚯蚓繁殖，以后每3~4天，将上层被蚯蚓吃过的牛粪刮去，每平方米加铺新的发酵过的牛粪4~5kg。这样过14天左右，蚯蚓大量繁殖，即可放入鳝种。

4. 放养

放养密度要看鳝种规格而定，以整个池面积计算，每千克30~40条的，每1m²放4kg；每千克40~50条的，每1m²放3kg。这样从4月养到11月，成活率在90%以上，规格为每千克6~10条。

5. 管理

鳝种放入后，池中水深保持10cm左右，并一直保持微流水。以后每3~4天将畦面牛粪刮去一层，然后每平方米加4~5kg发酵过的新牛粪，保证蚯蚓不断繁殖，供鳝鱼自己在土中取食，不再投饲别的饲料。

这种养殖方法由于水质一直良好，且有优良的活饵料——蚯蚓供黄鳝摄食，因而黄鳝不易发病，生长快，产量高，经济效益好，一般每平方米可产黄鳝14~15kg。

第四节　黄鳝病害防治技术

一、出血病

1. 病原

嗜水气单胞菌、温和气单胞菌、弧菌、鲁克氏耶尔森氏菌。

2. 危害

水温15~36℃时暴发流行。

3. 症状

体内外广泛充血和出血，部分个体眼球突出，腹部膨大，有腹水,肝、脾、肾肿大。

4. 防治

参见第三章第五节经验处方。

二、肠炎病

1. 病原

肠型点状气单胞菌。

2. 危害

水温25~30℃时暴发流行。危害严重。

3. 症状

发病初期,黄鳝食欲减退、游动无力,反应迟钝,腹部膨大,肛门及肠管充血红肿,轻压腹部有黄色黏液或脓血流出。

4. 防治

参见第三章第五节经验处方。

第十二章 河蟹养殖与病害防治

第一节 河蟹生物学特性

河蟹学名中华绒蟹，属甲壳动物，是洄游性的水产养殖品种；赶冬季从湖泊顺江而下到江口咸淡水交汇处交配产卵，而后孵化出的蟹苗再逆江而上，到水草丰富的浅水湖泊育肥生长。河蟹适宜于碱性的清瘦水质，水体的水质调节就成了养殖是否成功的关键所在。

第二节 池塘条件

先要清整池塘，放苗的池淤泥不能过深，一般控制在20cm以内，深处不超过30cm。池四周挖50~60cm，2m宽的环沟，池塘中央保持平整；蓄水沟中水深1.8~2m，池塘中央保持1.2~1.5m。

第三节 清塘

使用科洋清塘净，每瓶100mg药物，30cm水深时可用2~3亩。晴天，化水稀释后全池泼洒。

第四节 种植水草及放养螺蛳

在中间平滩上间隔1.5m种植一行水草，可选用苦草、伊乐藻、黄丝草；四周临环沟处可在蓄水放苗后移栽水花生（喜旱莲子草），并用竹固定在水面，利用生态方法净化水质，为河蟹提供栖息、脱壳场所。水草种植后，加入20~50cm水，待水草成活后逐渐加水，并适时放苗。水草种植面积占池塘总面积的60%。水草能吸附水体中的多余有机质及悬浮物，增加水体的透明度和溶解氧。另外，底质较肥的池塘，放养螺蛳，也能起到净化水质的作用。

第五节 夏季勤换水

随着水温升高，在夏季要勤换池水。一般每7~10天加水10~20cm，水质败坏的池塘，要多次更换池水，每次换掉1/3的池水。

第六节 使用水质调节剂

一、使用生石灰

在养殖过程中，为增加水中钙质和保持水质适宜的偏碱性，每隔20天左右泼洒生石灰，每亩1m水深用量为15kg。

二、使用水质改良剂

在夏季随着水温升高，水质恶化，要定期使用水质改良剂，调节水质。如益池保、保水灵、净水灵、浊水清、水质保护解毒剂，按说明用量每亩1m水深用500~1 000g，化水全池泼洒。既可调节水质，降解氨氮、亚硝酸盐浓度，又可预防河蟹的黑鳃、烂肢等疾病。

三、使用生物肥料

水质清瘦、透明度大、水温较高的池塘可使用虾蟹肽肥，每亩1m水深2 000 g，每7~10天1次，化水全池泼洒。既调节水质，吸附利用水体中的氨氮、亚硝酸盐，增加河蟹的饵料生物，又可预防河蟹的疾病。

第七节 注意事项

在鱼蟹混养殖池，除为了杀虫而使用鱼虫杀星和为了杀纤毛虫使用纤虫净外，禁用其他杀虫剂，避免发生死蟹。

水温较高的6—9月，河蟹脱壳期间，应慎用氯、溴类的消毒剂，避免发生死蟹。

9月后，河蟹进入成熟期，此时因长年投饵及水中动植物生命活动产物增多，水质肥沃，在此河蟹压黄阶段，不宜使用生鲜动物饵料，否则易出现水质败坏、河蟹上岸、脱壳不遂及大量死蟹的情况。此时宜选用较低蛋白的全价料，及时加注新水，定期使用水质改良剂益池保、水质保护解毒剂，调节水质，保证河蟹的清水品质。

第八节　病害防治

一、蟹奴病

1. 病因

水中含盐量较高，使蟹奴大量繁殖，幼体扩散，感染蟹体。

2. 症状

病蟹腹部略显臃肿，揭开脐盖可见寄生的乳白色或半透明状虫体。雄病蟹的脐星呈椭圆状，好像雌蟹；螯足小，绒毛少。病蟹生长缓慢，病情严重者，蟹肉有特殊味道，不可食用。

3. 防治

往蟹塘内注入新鲜、干净的淡水；将已感染蟹奴的病蟹捕出，专塘饲养，能有效抑制蟹奴扩散感染。

二、聚缩虫病

1. 病因

池水过肥，或长期不换水造成水质不良，病蟹关节，步足、背部、额部、附肢及鳃上都附着聚缩虫，体表污物较多，活动及摄食能力减弱，严重者常在黎明前死亡。

2. 症状

病蟹体壳污物较多，活力、食欲逐渐减弱，严重者多在黎明前死亡。仔细镜检，可发现病蟹额部、步足、贝壳及腮布满聚缩虫。

3. 防治

（1）池底清塘消毒，经常注、换池水，保持水质清新。

（2）每立方米水体用硫酸铜 $0.25 \sim 0.6g$，对水全池泼洒。

（3）每立方米水中加入新洁尔灭 $0.5 \sim 1g$ 和高锰酸钾 $5 \sim 10g$ 配成的混合液，充分溶解后浸洗病蟹 $10 \sim 15min$。

(4) 每立方米水体中用茶粕粉20g，放在桶内，用0.4%的食盐水浸泡2h后，全池泼洒。

注意：茶粕中的皂角苷能与血红蛋白起作用，因而凡是血液呈红色的水生动物均能杀灭，而蟹、虾的血液为血蓝蛋白，此浓度不会死亡。因此，养蟹、养虾池中，如需杀灭野杂鱼，可用茶粕粉。

三、水肿病

1. 病因

大多在河蟹生长过程中，腹部受机械性损伤后感染病菌所致。

2. 症状

河蟹腹部、腹脐及背壳下方肿大，呈透明状；肝胰脏小管橘黄色、轮廓清晰，肝胰脏体积正常；伴随肠炎、肠道有发红、空肠；步足肌肉饱满，伴随有积水；活力很差，无法"翻身"，蟹匍匐池边；摄食减少或不摄食，最后在池边浅水处死亡。

3. 防治

(1) 蜕壳时，尽量减少对河蟹的惊扰，不使其受伤。

(2) 每立方米水体用土霉素0.5~1g对水全池泼洒。

(3) 每1kg河蟹用土霉素或红霉素0.1~0.2g拌饵投喂，连喂7天。

四、蜕壳障碍病

1. 病因

一是蟹有疾病，二是缺少某些微量元素。

2. 症状

河蟹无力蜕壳或仅能脱出部分蟹壳，在头胸部与腹部出现裂痕，周身发黑，最后死亡。

3. 防治

(1) 用活性钙、钙力宝每亩200g全池泼洒。

(2) 将蟹壳（禽蛋壳亦可）碾粉或贝壳粉、骨粉、蛋壳粉、鱼粉等矿物质含量较多的物质拌入饲料，投喂河蟹。

(3) 泼洒石灰水（石灰在池水中浓度为15~20mg/kg），每5天1次，连续进行3~4次。

五、病毒性疾病——颤抖病

河蟹颤抖病又名河蟹抖抖病、河解环爪病。

1. 病因

主要是由小核糖核酸病毒感染引起。

2. 症状

河蟹反应迟钝,螯足的握持力减弱,吃食减少以致不吃食,鳃排列不整齐,呈浅棕色,少数甚至呈黑色。血淋巴液稀薄,凝固缓慢或不凝固,最典型的症状是足中颤抖,环爪、爪尖着地,腹部离开地面甚至倒立。这是由于神经受病毒侵袭,神经元、神经胶质细胞及神经纤维发生变性、坏死以致解体的结果。在疾病后期常继发嗜水气单胞菌及拟态孤菌感染,使病情更加恶化,肝胰腺变性、坏死呈淡黄色,最后呈灰白色,背甲内有大量腹水,步足的肌肉萎缩水肿,最后病蟹因神经紊乱、呼吸困难、心力衰竭而死。河蟹颤抖病在全国养殖河蟹的地区均有发生,危害各种方式养殖的河蟹,自4—10月均有发生,尤以7—8月为甚,从3g的蟹种到300g成蟹均可罹患,尤以75~150g的蟹最易感染。发病后死亡率极高,一般在70%以上,是当前危害河蟹最严重的一种疾病。目前针对颤抖病的现有治疗方法都不理想,因此做好此种疾病的预防工作最为重要。

3. 预防措施

(1) 为河蟹营造良好的生态环境。

(2) 养蟹先养草。

(3) 定期泼洒生石灰(6~20mg/kg),必要时泼洒光合细菌或融净美,水质改良剂改善水质和底质。

(4) 可混养少量花白鲢以清除过多的浮游动物,套养黄条摄食残饵。

(5) 投喂营养全面均衡的饲料确保河蟹体质健壮,提高河蟹自身的抗病力。

(6) 疾病流行季节定期采用水体消毒和预防性药饵投喂的措施,外泼消毒剂一般每月1~2次,首选含氯消毒剂,如二氯异氰尿酸钠

(优氯净,含有效氯 60%~64%,0.3~0.6mg/kg 全池泼洒,每天 1 次,连用 2 天)氯胺化合物,稳定性好,可以敞口存放半年多,有效氯损失不到 10%。内服药饵可用土霉素(1g 拌 1kg 饲料)、氟哌酸(1g 拌 1kg 饲料)、病毒灵(10~20mg/kg 蟹体重)抖饵投喂,每月 1 次,每次 3 天。或者用中药板蓝根、三黄粉(大黄:黄芪:黄连=5:3:2)防治。

（7）不定期换水,每次换水不超过 1/3,换水时温差不超过 3℃。换水时最好在进水口加筛网和挂袋消毒。

第十三章 小龙虾养殖与病害防治

第一节 小龙虾资源分布及生物学特征

一、资源分布

小龙虾最初只分布在墨西哥东北部和美国中南部。现在在非洲、亚洲、欧洲以及南美洲,小龙虾已是常见动物了。

二、生物学特征

(一) 形态特征

小龙虾学名克氏原螯虾。小龙虾体型粗短,体表具坚硬外壳,成体长一般6~13cm,由20节组成,其中头部5节,胸部8节,头部和胸部完全愈合成一体,成为头胸部,其长度约为体长的一半,外被钙化程度高且坚硬的几丁质头胸甲。头胸甲表面有点状凸起,前端两背侧各向前伸出一剑额,呈三角形,扁而宽,具锯齿,长是头胸甲的1/4~1/3,向前超过复眼。头胸部和腹部明显分开,腹部共7节,分节明显,节间有膜,尾节与第6腹节的附肢共同组成尾扇(图13-1)。

小龙虾体色随年龄不同而异,从深黄色到深红色,幼虾颜色较浅,为青色或青褐色,成虾体色较深,呈现红色或深红色。小龙虾在生长发育过程中体色由青变红,体色变化与个体成熟发育、生长速度存在关联性,体色变化是性腺成熟发育不同程度的外在表现即通常小龙虾体色由青转红时,其性腺成熟系数、肝体比指数升高,同时蜕壳周期延长,相对生长速度也随之下降,预示着个体发育趋向成熟。同时,温度和光照直接影响小龙虾的成熟发育,使其体色发生相应的变化。

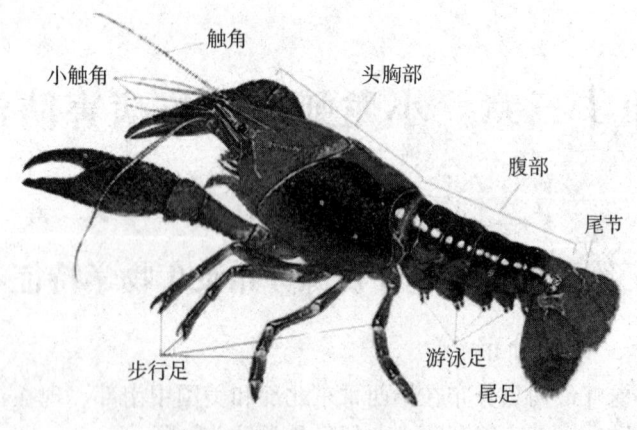

图 13-1 小龙虾

(二) 生活习性

1. 底栖

小龙虾喜栖息于河流、湖泊、水库、池塘、沼泽及沟渠含腐殖质较多的泥质中。特别是在食物较丰富的池塘、沟渠和浅草型湖泊中常见,对栖息地水质的低氧和富营养化的适应能力较强。小龙虾喜阴怕光、昼伏夜出,营底栖爬行生活,具有明显的昼夜垂直移动现象。春天水温上升时多在浅水处活动,夏季水温较高时向深水区移动,冬天则在洞穴中越冬。

2. 迁徙

小龙虾有较强的攀爬能力和迁徙能力,在栖息水体缺氧、缺饵、污染及其他生物、理化因子发生剧烈变化而不适应的情况下,常常爬出水外活动,或从一个水体迁徙到另一个水体。小龙虾同时还具有很强的趋水流性,喜新水活水,逆水上溯,且喜集群生活。

3. 掘洞

小龙虾具有一对特别发达的大螯,喜欢掘洞,常在栖息水体的堤岸处掘洞。洞穴是小龙虾栖息、繁殖、越冬、躲避天敌和度过不良环境的重要场所。小龙虾掘洞很深,大多数洞穴的深度在 50~

80cm，部分洞穴的深度超过1m，个别长的洞穴可达1.5m。在7—10月的繁殖季节里，小龙虾的洞穴数量明显增加，显示出强烈的掘洞现象。小龙虾多在较疏松的土质上掘洞，在底质有机质缺乏的沙质土打洞现象较多，而硬质土打洞较少（图13-2）。

图13-2 小龙虾掘洞

（三）生态习性

小龙虾对环境的适应能力很强，甚至在一些鱼类难以生存的水体也能存活。有些个体甚至可以忍受长达4个月的干旱环境。

1. 溶氧

小龙虾耐低氧能力不强，一般水体溶氧在3mg/L以上，即可满足小龙虾的生长需要。但当水体溶氧不足时，常有一些自救行为，如借助水中杂草、树枝、石块将身体偏转，使一侧的鳃腔处于水体表面呼吸，或爬上岸直接呼吸空气中的氧气。在阴暗、潮湿的环境下小龙虾离开水体能成活一周以上。流水可刺激虾蜕壳，加快生长；换水可减少水中悬浮物，使水质清新，保持丰富的溶氧。在这种条件下生长的小龙虾个体饱满，背甲光泽度强，腹部无污物。

2. 水温

小龙虾对高温水和低温水都有比较强的适应能力，能适应40℃以上的高温和-15℃的低温，生长适宜水温为20~32℃，其在珠江流域、长江流域和淮河流域均能自然越冬。

3. pH 值

小龙虾在 pH 值为 5.0~9.0 都能生存，但更适宜在 pH 值为 7~9 的水体中生长和繁殖。

4. 氨氮和亚硝酸盐

小龙虾对氨氮有较强的耐受力，在 pH 值为 7.8、水温 20℃时氨氮的安全浓度为 7.94 mg/L。小龙虾对亚硝酸盐的毒性比较敏感，耐受性随接触时间增加明显降低，亚硝酸盐对其安全浓度为 1.52mg/L，因此累积毒害会对高密度虾苗造成非常大的损失。

5. 食性与摄食

小龙虾是杂食性动物，主要以有机碎屑为食，植物性饵料和动物性饵料均可以食用，各种水草、底栖生物、软体动物、大型浮游动物、各种鱼虾的尸体也是小龙虾的喜爱食物，同时对人工投喂的各种植物、动物及配合饲料也喜食。

幼虾可投喂丰年虫无节幼体、螺旋藻粉、生物饲料，成虾养殖可直接投喂绞碎的米糠、豆饼、麸皮、杂鱼、螺蚌肉、蝉蛹、蚯蚓、下脚料、配合饲料，保持饲料蛋白质含量在 25%以上，其次种植水草可以大大节约养殖成本。小龙虾喜爱摄食的水草有尹乐藻、苦草、轮叶黑藻、凤眼莲、水浮莲、喜旱莲子草、水花生。

小龙虾的摄食能力很强，并且具有贪食、挣食的习性，在养殖密度过大或投饵量不足时，会发生相互残杀的现象，尤其是在正在蜕壳或蜕壳不久没有防御能力的软壳虾和幼虾常被硬壳虾所捕食。小龙虾多在傍晚或黎明时出来摄食，尤其以傍晚为多，在人工饲养条件下，经过一定的驯化，白天也可以出来摄食。

小龙虾具有较强的耐饥饿能力，一般能耐饿 3~5 天，秋冬季 20~30 天不进食也能正常生存。其摄食强度在适温范围内随水温的升高而增加，摄食的最适水温为 25~30℃，水温低于 10℃或超过 35℃摄食明显减少，水温在 8℃以下进入越冬期，成虾基本停止摄食，但幼虾在 5℃时仍可摄食浮游动物。

三、蜕壳

小龙虾与其他甲壳动物一样,体表为坚硬的几丁质外壳,因而其生长必须通过蜕壳才能完成其突变性生长。小龙虾蜕壳时间大多在夜晚,在人工养殖条件下,白天也可见其蜕壳。蜕壳阶段持续时间为几分钟至十几分钟,新的壳体于 12~24h 后皮质层变硬、变厚,成为甲壳。

幼体一般 4~6 天蜕壳 1 次,离开母体进入开放水体的幼虾每 5~8 天蜕壳一次,随虾体长大蜕壳间隔一般为 8~20 天。从幼体到性成熟,小龙虾要进行 11 次以上的蜕壳。水质好、饵料充足、营养高,小龙虾的蜕壳次数就多,蜕壳周期就短。雄性蜕壳高峰在 3—5 月,5 月最高;雌性蜕壳高峰在 3—6 月,6 月最高。在人工养殖中,要抓住小龙虾的生长旺季,增加饲料投喂量,加快小龙虾生长速度。

四、繁殖习性

性成熟

小龙虾在天然环境中 6~12 个月龄达性成熟,已达性成熟的个体重一般为 30~100g。在人工饲养条件下,一般 6 个月可达性成熟。

小龙虾的交配季节一般在 4 月下旬到 7 月,群体交配高峰在 5 月。

1. 产卵

小龙虾每年的春秋季为产卵季节,一年可产卵 1 次,小龙虾的怀卵量较小,根据规格不同,抱卵量很不稳定。一至两年的雌虾怀卵量在 100~500 粒,平均为 200 粒;两年以上的雌虾抱卵量在 500~1 000 粒。小龙虾的产卵行为均在洞穴中进行,刚产出的卵为圆球形,呈橘红色,直径为 1.2~2.5mm,附着在腹足上,随着胚胎的发育,受精卵的颜色逐渐成棕褐色,未受精的卵变为混浊白色。

2. 孵化

在自然情况下,亲虾在交配后,就开始掘洞,雌虾的产卵和受精卵的孵化基本上都是在洞穴内完成。亲虾在抱卵过程中,受精卵为紫酱色,呈"葡萄状"。在整个孵化过程中,亲虾腹部的游泳足不停的摆动,以形成水流,保证受精卵孵化时能得到充足的氧气。

在17~32℃水温范围内,水温越高受精卵孵化的时间越短,但在水温低于22℃或高于32℃时,受精卵死亡脱落严重,孵化率低。小龙虾的胚胎发育时间较长,如遇水温太低,受精卵的孵化可能需数月之久,这就是我们在翌年的3—5月仍可见抱卵虾的原因。

小龙虾亲虾有护幼习性,仔虾脱膜后不会立即离开母体,仍然附着在母体的游泳足上,直至仔虾完全能独立生活才离开母体。

3. 幼体发育

小龙虾的全部体节在卵内发育时已经形成,孵化后不再新增体节,幼体孵化时,具备了终末体形,与成体无异,仅缺少一些附肢而已。刚孵出的幼虾即似成虾,体色较淡,呈淡黄绿色,称为一期幼体,幼体长5~6mm,靠卵黄营养,几天后,蜕壳发育成二期幼体,长6~7mm,能摄食水流带来的微生物和浮游生物。几天后蜕壳发育成仔虾,长9~10mm,形状几乎与成虾完全一致。

第二节 小龙虾的养殖模式

小龙虾养殖模式有池塘精养、虾稻共生、虾蟹混养、虾鲢鳙混养、河道养殖、湖滩养殖、茭白套养、藕田养殖等养殖模式。虾稻共生模式能充分利用土地,将种植业和养殖业结合起来,达到经济农作物和小龙虾双丰收的目的,具有投资少、见效快、效益高特点。小龙虾与鱼类或蟹混养,根据小龙虾与鱼类、蟹的不同生活习性,充分利用水体空间以获取多种水产品,该模式经济效益良好,有一定的推广价值。

一、池塘精养模式

池塘精养模式是通过改造精养鱼池,四周架设防逃设施。池塘精养模式是在池塘中只以小龙虾为放养对象。放养虾苗的方式主要有两种:第一种是在秋季放养,一般在7—9月或者10—11月时投放种虾最为适宜。第二种是在春季放养,一般在3—5月投放虾苗比较合适。

在这种养殖模式中，小龙虾养殖密度较大，因其密度大而导致小龙虾的出塘规格相对较小，只有 20~30 尾/kg。对于追求产量的渔民是一种很好的选择，适用于集约化养殖，但这种模式需要较高的技术措施，强化的管理措施，否则会因小龙虾之间相互残杀而导致减产。

（一）池塘的选择

小龙虾精养池塘面积一般为 5~30 亩，以小面积为宜，8~10 亩最好。池塘池底要平整，因为小龙虾有掘洞的习性，所以土质选择最好以黏性土壤、土质松软为宜。池塘深 1.8m 左右，堤埂宽 1.5~3m，坡度比为（1∶3）~（1∶2）。堤埂要加固夯实，不漏不垮，遇大雨不容易淹没或冲塌。

池塘周围要有优质、充足、无污染的水源，进排水口要用 60 目的长型网袋过滤进水，防止野杂鱼敌害生物随水流进池中，同时防止青蛙入池产卵，避免蝌蚪残食虾苗。

（二）防逃设施

为了防止小龙虾因氨氮、亚硝酸盐过高、下雨、水体流动、水体污染原因引起的逃逸现象，必须在池塘四周设置防逃设施。防逃墙可选用以下几种方式。

（1）用 20 目的乙烯网片，内缝农用塑料薄膜，沿池塘四周利用竹片间隔 40~50cm 绑牢固定，下端埋入土中 10cm，上端高出地面 50~60cm。

（2）利用镀锌铁皮、石棉瓦、砖墙、玻璃钢材料建环四周固定，用竹片或木棍每间隔 50~70cm 支撑固定，底部深入土中 10cm，上部高出地面 50cm 左右。

（三）清塘除杂

在放养小龙虾苗前半个月左右必须彻底清塘除杂（图 13-3），消灭病原体和敌害，并且改善水质，有利于虾苗生长。虾池要严格杜绝乌鳢、鲶鱼、黄颡鱼、泥鳅、鳝鱼肉食性鱼类的存在。

除杂方案：

图 13-3 清塘

（1）用生石灰 75~100kg/亩干法清塘。

（2）用清塘净 B 1~2h 后鱼死亡，再过 2h 用碧水解毒宝解毒。

（3）用 50kg 茶饼+1kg 食盐泡 1 晚，50cm 深水体 25kg/亩，全池泼洒。

（四）种草投螺

1. 水草栽植

水草是小龙虾重要营养来源，小龙虾是杂食性动物，可摄食轮叶黑藻、伊乐藻、苦草、蓝草水草的嫩芽。

水草是小龙虾的栖息、摄食和躲避天敌的场所，没有水草的庇护龙虾很难平安度过它的蜕壳周期，虾体容易壳薄发红。

水草还可通过光合作用净化水质，吸收亚硝酸盐、氨氮调节水体平衡，另外，小龙虾可在水草上活动，避免打洞穴居。

在清塘消毒 7~10 天后，池塘进水 10~20cm，池塘四周开始种植伊乐藻，一亩大概种植 15kg 左右，也可栽植一些蓝草和水花生，水草成活后可逐渐加深水位至 50cm 左右。

水草种植基本要求：分布均匀，品种搭配，比例适当，因地制宜，覆盖率 50% 左右。池塘建设多以东西走向为主，种植水草必须以南北走向为宜，水草行距 8~10m，株距 5m。伊乐藻、轮叶黑藻栽植时，只需用泥土或竹条笤拍打将其草段压入泥中即可，水草会向四周发散生长（图13-4）。

图13-4 水草

水草种植种类主要有以下几种。

沉水植物：轮叶黑藻、伊乐藻、苦草、菹草。

浮叶植物：水花生、水葫芦。

水草在池塘中呈井字型栽植，点位不能过密，要保证龙虾的正常生活，游动通道畅通。根据实际经验，3—6月水温不高时，主要种植伊乐藻净化水质效果为好，因为伊乐藻在高温季节容易腐烂变质、恶化水质。7月至9月上旬主要以轮叶黑藻净化水质效果为好。伊乐藻一般在11—12月栽植到位，轮叶黑藻3—4月栽植到位。

根据水草生长和龙虾吃食情况适当增减水草数量及时捞出腐烂变质水草，总之水草覆盖率以小龙虾精养塘控制在50%以内为宜。

2. 施肥壮根

水草种植后需迅速施肥壮根，可使用"虾稻生物肽肥"或"龙虾肽肥"+"硅藻膏"培植水草、浮游生物。

3. 投螺

（1）螺肉是小龙虾优质的鲜活饵料，作为人工投料不足的补充，既能满足小龙虾的营养需求，又能促进小龙虾及时蜕壳。

（2）螺蛳具有改善水质的作用。螺蛳能摄食小龙虾的剩余饵料及有机碎屑，起到净化水质"清道夫"的作用。

池塘经过除杂、消毒、施肥过后即可放入螺蛳，因螺蛳生长的适宜水温为20~26℃，水温超过25℃以上时停止繁殖。因此，投放螺蛳宜早不宜迟。清明前为最佳的投螺时间，螺蛳可从天然水域捕捞或市场上购买，投放量根据小龙虾养殖量而定，因螺蛳可自行繁殖生长，所以也不宜投放过多，一般每亩投放25kg左右。

（五）苗种投放

1. 虾苗选择

虾苗要求体质健壮、附肢齐全、无伤无病、活动力强、体表光亮的青虾，虾苗宜近不宜远，宜大不宜小，且同一池塘放养规格要基本一致，一次性放足。

2. 虾苗运输

（1）运输时间在2h以内，可采用干运。使用网箱，箱内装虾的厚度不得超过10cm，最多装7.5~10kg，最佳厚度控制在5cm之内。箱底和虾体表面必须铺设浸过水的水草，箱与箱可以叠放，最顶层要适当遮盖，防止阳光直射，运输途中适时对箱子喷水，保持湿润。

（2）带水增氧运输。用专用水产苗种尼龙袋充氧，每袋1kg左右，根据运输时间长短可适当增减，成本较大。

（3）用恒温喷淋运苗车，装量大，成活率高。

3. 虾苗消毒

虾苗到塘口后用2%的食盐+"虾蟹免疫促长灵"浸泡3~5min，控水2min，反复操作2~3次，让苗种体表和鳃腔吸足水分后再放养以提高其成活率，然后从四周缓慢放入水中。若有很大机械损伤，次日可全池泼洒碘制剂消毒。

4. 放养时间

3—4月可放养第一批虾苗，规格在200尾/kg左右，放养密度50~74kg/亩。3—5月为养殖阶段，5月底之前捕捞完毕；6月左右放第二批虾苗，50~75kg/亩，6—7月为养殖阶段，30~40天后可捕捞虾；7月中旬即可投放第三批虾苗，也可轮捕轮放，按照捕捞

50kg 成虾投 10kg 幼虾，8月中旬即可捕捞出售；8月中旬至9月即可放养当年培育的大规格虾苗或种虾为主，大规格虾苗每亩放养 1.5 万尾左右，虾种每亩放养 1 万尾左右。

（六）饵料投喂

小龙虾食性杂，尤为喜食动物性饲料，且贪食。因此，在养殖过程中要注意科学投喂。成虾养殖可投喂玉米、小麦、豆饼、杂鱼和配合饲料，饲料蛋白应保持在 25% 以上，日投喂量为虾体重的 4%~10%，可根据季节、天气、水质及吃食情况而调整晴天时多投喂，高温闷热、水质过肥时少投喂，小雨天必须投喂。饲料投喂要遵循"四定"原则，小龙虾具有昼伏夜出的习性，夜晚出来觅食，所以傍晚投喂为主，上午投饲料的 30%，傍晚投 70%。6—9 月是小龙虾生长旺期，一般每天投喂 2~3 次，时间在 9—10 时、傍晚或夜间。其余时间可投喂 1~2 次，可在傍晚进行，可根据吃食情况次日上午补投 1 次。在坡边设观察料台，观察投喂是否合理，及时增减饵料。

5月之前，每 15 天左右用 1 次"虾蟹肠胃康"；5—8 月为虾病高发期，每 10 天左右用 1 次"虾蟹肠胃康+虾瘟灵"预防虾病。

（七）日常管理

坚持早晚巡塘，观察小龙虾摄食、蜕壳、生长、活动及死虾情况，调整投饵量，对食台定期消毒，建立塘口记录册，做好水温、透明度、溶氧水质和生长情况的测定记录，注意水质变化，发现问题及时采取措施。养虾期间每 10 天左右用"钙力宝"补 1 次钙。

水草管理方面，高温季节如水草长势过于茂盛，一方面要加深池水，另一方面要及时将水草割茬，割去过长水草，保持藻体距水面 30cm。或6月初先将水草距离根部 30cm 全部割去，捞出残草，防止水温过高灼伤水草，造成水草死亡腐败。

（八）水质调控

池塘水质要"肥、活、嫩、爽"，pH 值应保持在 7.0~8.5，透明度 35~40cm，溶氧控制在 4mg/L 以上。前期用"龙虾肽肥" +

"水质保护解毒剂"或"碧水解毒宝"进行肥水调水。后期每15~20天换一次水,每次换水30%。小龙虾蜕壳高峰期和雨后不能换水。中后期15~20天泼洒1次生石灰,用量为10kg/亩。7~15天泼洒1次"硅藻膏"+"小球藻"+"益生菌"进行培藻培菌。定期使用底质改良剂进行改底。

池塘水位通常控制在1m左右,掌握"春浅夏满、先肥后瘦"的原则。春季水位保持在0.5~1.0m,有利于水草生长;夏季适当加深水位,控制在10~1.5m,有利于小龙虾度过高温。

二、稻虾共作模式

稻虾共作养殖模式即在水稻田里不仅种植水稻,而且还养殖小龙虾,主要种植水稻,而用环沟来养殖小虾,水稻收割后田不漫水养虾或者用于种植小麦。稻田养殖小龙虾是利用动物和植物生长过程中的优势互补、综合利用水体、降低成本的一种生态养殖模式。

目前国内稻田养虾主要有稻虾连作、稻虾共作(共生、同作)、稻虾轮作、稻虾同作+连作几种养殖模式。湖北目前稻田养虾主要采用"稻虾共作"的方式,即水稻和小龙虾生产同时进行。这种模式合理利用了水稻和小龙虾生长的季节特性、生活特性。小龙虾在生长过程中吃掉稻田里的害虫、杂草,减少饵料的投喂,小龙虾的粪便可以施肥,小龙虾的爬动可以疏松土壤,给水稻的生长带来好处。这种养殖模式,所需投入较少,只需挖好虾沟,做好防逃设施,建好进排水口,水草移栽到位,投入较少,收益较高。一般每亩放80~100尾/kg的苗种25kg,产量可达100kg/亩,水稻产量为400kg/亩。同时稻田养殖模式技术含量低,周期短见效快,管理粗放易操作,劳动强度小,投入不大效益高,既不影响稻谷产量,又可增加经济收入,充分利用了稻田,维护了良好的水域生态环境,减少了污染和疾病的发生,降低生产成本,提高了田块效益。这种模式适合于有充足水源的在大面积的稻田中连片开展,特别是在那些不能改变田块用途而冬季又抛荒的稻田。

其生产流程是8—9月中稻收割前投放亲虾,翌年4月中旬至6

月下旬收获成虾；或翌年4—5月投放幼虾，5月底至6月收获成虾，之后整田、插秧，8—9月再次收获成虾。

（一）稻田工程建造

稻田工程建造包括挖沟、田埂加固、进排水口、防逃设施。

挖沟：沿稻田田埂向稻田内挖环形沟，沟宽3~4m，深度1~1.5m。稻田面积达到100亩的，田中间还要挖"十"字形田间沟，沟宽1~2m，深0.8m。

筑埂：加宽、加高、加固田埂，田埂要夯实、牢固，防止渗水或遇暴风雨使田埂坍塌。埂宽5~6m，顶部宽2~3m，田埂应高于田面0.6~0.8m。

进排水设施及防盗设施与池塘精养相同。

（二）清沟消毒

每年在中稻收割期间、稻田灌水前，环形沟内要清除野杂。具体方法与池塘精养相同。

（三）施肥培藻

清沟消毒后要施肥培藻，用"龙虾肽肥"化水泼洒，一次性施足。

（四）水草移栽

10—12月在环形虾沟和田间沟内移栽伊乐藻，20kg/亩种株，移植方法同精养池。待草成活后，逐渐加水浸没水草末端20cm。也可移植轮叶黑藻、苦草、菹草水草。栽种面积一般为虾沟的20%~25%，以零星分布为好，有利于虾沟水流畅通无阻。

（五）放养虾苗

稻虾共生模式有两种。

（1）4—5月在虾沟内每亩放养130尾/kg的幼虾35kg左右，7—8月养成达40g/尾左右，捕捞留种与上市，除留种外，产量可达150kg/亩。然后每亩放养20kg左右亲虾，雌雄比为3∶1，翌年5月将达到规格的商品虾和亲虾全部捕捞上市，每亩产量可达150kg。清沟消毒后，再将捕捞的小商品虾留种继续生长，8月达40g，捕捞留种与上市。如此循环。

（2）7—8月在虾沟内放养20kg/亩40g/尾，雌雄比例3:1；或9月放养抱卵虾15kg/亩。翌年5月将达到规格的商品虾和亲虾全部捕捞上市，产量可达150kg/亩。清沟消毒后，再将捕捞的小商品虾留种继续生长，8月达40g左右，全部捕捞留种与上市，产量可达150kg/亩，如此循环。

（六）投饵

8—9月投放的种虾除稻田中的有机碎屑、浮游动物、水生昆虫及水草天然饵料外，在小龙虾生长旺季可适当投喂动物性饵料，如捶碎的螺、蚌及下脚料，每日投喂量为种虾总重的1%。

（七）田间管理

每天早、晚坚持巡田，观察沟内水色变化和虾活动、吃食、生长情况。水位按照"浅—深—浅—深"的办法，9—12月保持田面水深10~20cm的浅水位，12月至翌年2月保持30~50cm的深水位，3月至4月上旬保持水位10~20cm，4月中旬至5月保持30~50cm深水位。

田间管理主要为：水稻保水、晒田、施肥、用药及小龙虾的防逃、防害。

晒田。晒田时不能完全将田水排干，水位降低到田面露出即可，而且时间要短，如发现小龙虾有异常反应，则立即注水。

稻田施肥。稻田基肥要施足，应以腐熟的有机肥为主。追肥一般每月1次，尿素5kg/亩，复合肥10kg/亩，或用虾稻生物肽肥，亩用3~5kg。禁用化肥，如氨水和碳酸氢铵。施追肥时最好先排浅田水，让虾集中到环沟和田间沟中，然后施肥，使肥料迅速沉积于底层田泥中，随即加深田水至正常深度。

水稻施药。小龙虾对很多农药都很敏感，稻田养虾的原则是能不用药坚决不用，需要用药时则选择高效低毒的农药及生物制剂。防治水稻螟虫，每亩用18%杀虫双水剂200mL加水75kg喷雾；防治稻飞虱，每亩用25%扑虱灵可湿性粉剂50g加水25kg喷雾；防治稻条斑病、稻瘟病，每亩用50%消菌灵40g加水喷雾；防治水稻纹枯病、稻曲病，每亩用增效井冈霉素250mL加水喷雾。水稻施用药物，应尽量避免使用菊酯类的杀虫剂，以免对小龙虾造成危害。喷雾水剂宜在下午进行，因稻叶下午干燥，大部分药液吸附在水稻叶上。施药前田间加水至20cm，喷药后及时换水。

（八）捕捞

稻田养小龙虾捕捞原则是长期捕捞，捕大留小。将达到规格的上市出售，未达到规格的继续养殖。第一次捕捞从4月中旬开始，到5月下旬结束。第二季捕捞从8月上旬开始，到9月底结束。

可采用地笼、虾笼工具进行捕捞，网眼为3.5~4cm，保证成虾被捕捞，幼虾可通过网眼，成品规格控制在30g/尾以上。

开始捕捞时直接将地笼、虾笼放置稻田及虾沟内，第二天清晨取1次虾，隔几天转换一个地方，直至捕获量减少时，将田水排干，使小龙虾聚集在沟中，在虾沟中放笼，将商品虾全部捕捞。

三、虾蟹混养

（一）池塘选择

池塘可为精养池或回形池，保持水深1~2m。水源充足，水质良好，无污染，注排水方便。

防逃设施同精养池。

（二）消毒

河蟹起捕后，放干池水，每亩用75~100kg生石灰消毒，再经过风吹和太阳晒池7~10天后，加水至0.3m（回形池加水至平台以上水深0.2m），或者用茶饼消毒，一亩水面用15~25kg。

（三）水草移栽

水草既是河蟹和龙虾的天然饵料，又是河蟹和龙虾隐蔽、栖息、蜕壳的良好场所，水草还可净化水质，释放氧气，减少河蟹和龙虾逃跑与发病率，大大提高河蟹和小龙虾生长速度和回捕率。水草栽植以黄丝草为主，多品种混栽。可选择伊乐藻、黄丝草、轮叶黑藻、苦草进行条播或条栽。

覆水消毒后，亩施龙虾肽肥5~10kg，并根据水质状况及水草生长情况酌量增减。

（四）投螺

螺蛳是河蟹和小龙虾生长良好的动物性饵料，特别是在7—8月高温季节，螺蛳可以补充河蟹对动物性饵料摄食的要求。一般在4—5月和7—8月分两批放养，每亩投放100~200kg，让其自然繁殖。

（五）肥水

池水保持适当的肥度就不会浑水或者长青苔，一般每亩施龙虾肽肥5~10kg+硅藻膏1~2kg。高温季节以施硅藻膏为主，1~2kg/亩，7天左右施1次。

（六）小龙虾放养

8—9月份投放种虾，初次养殖每亩投放20~40kg；池中原有龙虾自然种群，可视情况，每亩补充放养5~10kg，雌雄比2:1。如投放幼虾，则在4月投放3~4cm规格，每亩25~50kg。

（七）河蟹放养

蟹种要求个体均匀，爬行迅速，无病无伤，色泽光亮。河蟹一般在11月至12月底和2—4月放养，200只/kg规格，每亩放养600~1 000只；150只/kg规格，每亩放养500~600只。一般建议在年后放养，因此时水温升高，水草易繁殖，不易生青苔，蟹有活力，成活率高。

（八）饵料投喂

河蟹和小龙虾食性相近，可以投喂以河蟹饵料为主的全价颗粒饲料。河蟹和小龙虾养殖投饲要求呈"条带状"投喂，投饲点面积占池塘面积30%以上。每天上下午各投喂1次，上午投饲量占总投饲量的30%，上午以小麦、豆饼为主，下午以颗粒饲料或鲜鱼为主。投喂量根据河蟹和小龙虾摄食强度、天气、季节调整，以2h左右摄食完较好，无剩余残饵。

虾蟹混养不同于螃蟹精养，河蟹和小龙虾食性相同，有互相残食现象，但其生长高峰期不同，小龙虾生长高峰在3—6月，河蟹在6—9月。前期要加大投饵量，保证龙虾有充足食物，减少对河蟹伤害。

（九）虾蟹捕捞

河蟹和小龙虾捕捞季节不同，小龙虾在 4—8 月捕捞，5—7 月是捕捞旺季，捕大留小。河蟹捕捞旺季在 10—12 月。

第三节　常见问题及疾病防治

一、青苔水

（一）青苔生成的主要原因

(1) 池水浅，水瘦，光照见底，青苔容易生长。

(2) 池塘老化，氨氮含量过高或严重缺磷、钾及微量元素。

（二）除青苔方案

1. 预防

肥水，用龙虾肽肥 3~5kg/亩或氨基酸肥水膏 1~2kg/亩。

2. 少量青苔

(1) 第一天用"青苔速净"，第二天用强力底净解毒，2~3 天后肥水，用量同上。

(2) 1kg 豆浆+0.5kg 饲料粉碎，肥水控青苔。

3. 大量青苔

第一天用"虾瘟灵"杀青苔，第二天用"解毒精华"或"虾蟹解毒宝"解毒，2~3 天后用"虾蟹活力钙"+"虾蟹肽肥"肥水。

二、酱油水、黑水

粪肥施用过多、秸秆腐烂引起酱油水、黑水会造成池底部溶氧不足，底部有机质产生氨氮、亚硝酸盐、硫化氢有害物质。

方案：

第一天"解毒精华"+"强力底净"；第二天用"乳酸菌"+"氨基酸肥水膏"。

三、浑水

长期浑水会引起虾鳃损伤。原因：一是投饲量不够；二是虾有病；三是水体浮游动物、野杂鱼过量。

四、氨氮、亚硝酸盐超标

方案：用"氨净"。

五、小龙虾上草

6—8月夜晚热应激虾会上草；池塘缺氧，水草过密，水草死亡没有及时捞出，长时间阴雨天气，都会引起虾上草。

方案：用"虾蟹解毒宝"+"强力底净"+"增氧灵"。

六、没劲、爬边

方案："虾蟹免疫应激灵"+"解毒精华"+"强力底净"。

七、黑鳃病

1. 病因

该病是由累枝虫、聚缩虫、钟形虫、单缩虫寄生虫引起。

2. 症状

纤毛虫附着在虾体表、附肢、鳃上，妨碍虾的呼吸、活动、摄食和蜕壳，影响生殖发育，虾体表沾满泥脏物并拖着絮状物，俗称"托泥病"。

3. 防治方法

（1）虾种放养时，用"虾蟹免疫应激灵"浸泡3~5min。

（2）第一天用"虾蟹肠胃康"或"虾瘟灵"全池泼洒，第二天用季铵盐络合碘全池泼洒消毒，3天后用"解毒精华"+"强力底净"。

八、弧菌病

1. 病因

该病是因虾池缺氧以及弧菌感染引起。

2. 症状

虾体附肢变红或深红色，身体两侧变成白色，腹部浊白；病虾鳃部由黄色变成粉红色至红色，末期虾体变红，鳃丝增厚、加大。

3. 防治方法

(1) 避免虾体受伤。

(2) 每 1m³ 用 2g 漂白粉,在水中溶解后全池泼洒。

(3) 饵料中添加适量维生素 C。

九、出血病

1. 病因

该病是由产气单胞菌感染引起。

2. 症状

病虾体表布满大小不一的出血斑点,特别是附肢和腹部,泄殖孔红肿,一旦染病,很快死亡。

3. 防治方法

及时隔离病虾,并对虾池水整体消毒,用生石灰25~30kg/亩,溶水全池泼洒,同时用"三黄散",按 5~10g/kg 虾重的用量拌料投喂,连喂 4~6 天。

十、白斑综合征

1. 病因

该病是由白斑综合征病毒感染引起。

2. 症状

感染个体厌食,行动迟缓或静卧不动,活力下降,应激性下降,多伴有腹部肌肉混浊,发病后期虾体皮下、甲壳及附肢出现白色斑点,甲壳软化,头胸甲易剥,肝胰腺呈棕黄色或白色。病害呈爆发性,死亡率高。

3. 防治方法

(1) 彻底清淤。

(2) 发现病虾及时隔离,并对虾池水体消毒。

(3) 保持虾池环境稳定,加强巡池观察,不采用大排大灌溉换水方法。

(4) 饲料中添加 0.2%~0.3% 维生素 C。

(5) 饲料中添加 1.25~1.5g/kg 氟苯尼考,连用 5 天。

十一、软壳病

1. 病因

虾体缺钙,阳光不足,pH 值长期偏低,池底淤泥过厚,虾密度过大,长期投喂单一饵料,蜕壳后钙磷转化困难。

2. 症状

虾壳软薄,体色不红或灰暗,活动力差,生长缓慢,觅食不旺。

3. 防治方法

(1) 冬季清淤,生石灰清塘,控制放养密度,投饵多样化,适当补钙。

(2) 用"虾蟹活力钙"。

(3) "葡萄糖酸钙"。

十二、脱壳不遂

1. 病因

虾体缺乏某种微量元素导致。

2. 防治方法

活性钙泼洒。

第十四章 南美白对虾养殖与病害防治

南美白对虾属杂食性，具有适应性强、生长速度快、抗病能力强三大特点，只要饵料中蛋白质比率占20%以上就能生长；它肉质鲜美、出肉率高，广盐性、耐高温，其幼苗经100多天的培养即可长成成体，体长可达24cm，见下图。

图　南美白对虾

第一节　南美白对虾生活习性

南美白对虾适应能力强自然栖息区为泥质海底，水深0~72m，能在盐度0.5‰~35‰的水域中生长，2~7cm的幼虾，其盐度允许范围为2‰~78‰。能在水温为6~40℃的水域中生存，生长水温为15~38℃，最适生长水温为22~35℃。对高温忍受极限43.5℃（渐变幅度），对低温适应能力较差，水温低于18℃，其摄食活动受到影响，9℃以下时侧卧水底。要求水质清新，溶氧量在5mg/L以上，能忍受的最低溶氧量为1.2mg/L。离水存活时间长，可以长途运输。适应的pH值为7.0~8.5，要求氨氮含量较低。可生活在海水、咸淡水和淡水中。

第二节 南美白对虾养殖管理技术

一、池塘的基本条件要求

首先,池塘的深度在 1.8m 左右。其次,要保证池塘具有完善的给排水系统,能够实现快速的换水操作。再次,应保证池塘能够获得充足的水源,并且水质中的营养成分能够达到南美白对虾的养殖需要。最后,增设增氧设备,提高池塘中的溶氧含量。

二、大棚的主要构架

结合大棚搭建实际以及南美白对虾的养殖需要,大棚的构架应满足以下要求:首先,大棚在构架中应以"人"字形为主,这样的结构可以降低搭建难度、节省搭建材料,降低大棚的搭建成本。其次,使用竹木框架结构即可,这样的结构不但强度可以满足实际需要,在搭建之后便于拆卸,竹木框架可以循环利用,搭建成本较低。最后,所覆盖的塑料薄膜应以 0.6~0.8mm 的为主,颜色选择白色,要求具有良好的透光性。

三、虾苗放养前的池塘灭菌准备

在虾苗放养前,需要对池塘进行灭菌处理。具体应在虾苗正式放养的 25 天之前,向池塘中加入生石灰进行消毒,生石灰消毒之后,应提前 1 周向池塘中加入一定比例浓度的漂白粉,同时可以适当加入养殖水质肥料,例如,水肥宝以及鸡粪,将其与光合细菌或融净美混合在一起使用,可以达到集聚池塘养分的目的,提前营造良好的水质环境团。

四、南美白对虾做好虾苗的选择和放养

1. 虾苗应选择经过淡化的品种

在大棚南美白对虾养殖过程中,由于池塘中的水均为淡水,在虾苗的选择中,也应选择经过淡化的虾苗。其中虾苗的种类可以选择市场上比较权威的南美白对虾品种,应重视对虾苗的各项指标进行核对和检验,避免虾苗选择之后难以适应大棚池塘环境,造成虾

苗的大面积死亡。

2. 虾苗选择后需经过无毒检测

为了保证虾苗不含任何的毒性和污染物，避免虾苗之间发生病毒传染，在虾苗选择中，应对虾苗进行无毒检测，保证虾苗的各项生存技术指标能够达到规定要求。同时，在对虾苗检测之后，在虾苗放养之前，需要将盛装虾苗的袋子放在池塘中15min左右，待袋子中的虾苗逐渐适应了池塘的水温以及池塘的基本环境之后，再将虾苗拆袋分批投放到池塘中，保证虾苗能够快速适应池塘环境，降低虾苗的应激反应，避免虾苗由于不适应池塘环境而发生大面积死亡。

3. 虾苗的放养数量应与池塘大小相匹配

在目前大棚池塘南美白对虾养殖过程中，为了控制虾苗的养殖密度，通常会在池塘中放置固定的网格，在每一个网格中放养固定数量的虾苗，避免虾苗胡乱游动，有效控制虾苗的放养密度，提高虾苗的放养有效性。因此，虾苗的放养数量只有与池塘大小相匹配，才能提高虾苗的放养效果。选择优质虾苗。放养的虾苗应体质健壮，大小均匀，肌肉饱满，活力强，刺激反应灵敏，体长1cm以上，全身无病灶。选购虾苗时还应注意虾苗的淡化过程，要求日降盐度2‰以下，并稳定暂养1~2天。

当池塘水体浮游生物量达到高峰（透明度30~40cm），水温基本稳定在20℃以上即可以放苗。一般海涂池塘放苗时间为5月中旬至6月底。有大棚的养殖户可提前到3月底或4月初。选择晴天上午或傍晚放苗。密度一般为4万~5万尾/亩。

五、南美白对虾饲养管理

1. 根据南美白对虾的生长需要，合理进行饵料投喂

饵料投喂需要掌握两个原则。第一，应对饵料的投喂数量进行合理选择，保证饵料投喂能够达到白对虾的生长需要，避免饵料投喂过量或者饵料投喂不足，提高饵料投喂的有效性。第二，应选择饵料投喂的时间，保证饵料投喂的频率能够符合白对虾的生长需要，并且饵料投喂的时间能够符合白对虾的进食习惯，避免饵料浪费，减少过量的饵料对池塘水质的影响。

2. 根据水质变化情况，对池塘水质进行有效调节

在大棚池塘中，由于换水的频次较低，应在白对虾养殖过程中加强对水质变化情况的了解。具体可以通过固定频次的水质监测，掌握池塘中水质变化情况，并通过换水、减少养料投放措施，对池塘水质进行有效调节。同时，还要根据春秋季节的水温特点，掌握春秋季节水温变化规律，在水温发生变化时，采取必要的措施降低水温变化对白对虾的影响，使水温变化能够做到逐渐变化，避免水温突然升高或者突然降低。所以，加强对池塘水质的调节，对大棚养殖具有重要作用。

3. 根据水中的溶氧含量，增加池塘的供氧量

如果水中溶氧不足，将会造成白对虾窒息死亡，对养殖造成不良影响。应根据大棚池塘中水的溶氧含量，及时调节池塘供氧量。具体可以通过池内的氧气泵向池塘水中注入氧气，并通过溶氧含量检测装置，检测溶氧含量是否达标，氧气供应到规定标准时，就要停止供氧。结合大棚池塘南美白对虾养殖实际，在春秋季节不同时期的大棚池塘中的溶氧变化是不同的，应加强溶氧含量掌握，提高水体质量。

第三节　南美白对虾的病害防治

一、根据春秋季节特点，对池塘进行清淤清塘

池塘在饲养一段时间之后，池塘内都会淤积大量的淤泥和细菌，这些淤泥和细菌如果得不到及时的清理，不但会导致池塘水质恶化，同时还会导致虾苗的生长环境受到较大影响，容易引发虾群病害的暴发。因此，应根据春秋季节的特点，合理选择时间，对池塘进行必要的清淤清塘，使池塘中的淤泥和细菌得到及时清理，提高池塘的水质质量。收虾后，将养殖池及蓄水池、沟渠积水排干，封闸晒池，整修塘埂、堤坝、塘底，清除池底的杂草、污染杂物及过厚的淤泥，暴晒过冬。放苗前10~15天进行药物清塘，消除敌害生物、

致病生物及携带病原的中间宿主。常用药物有：每亩生石灰用量为150~200kg；漂白粉每亩用量为 10~15kg。

一般冬季蓄水池蓄满水，待生产季节用。养殖用水经消毒池消毒后再进入养殖池。常用消毒药物和剂量为：漂白粉 $1g/m^3$、二溴海因 $0.5g/m^3$。

二、根据南美白对虾的生长特点，进行网格饲养，有效隔离病毒

在目前大棚池塘饲养过程中，为了避免养殖对象过于集中，减少养殖对象之间的接触及病害传播，通常都采用了网格饲养的方式。在南美白对虾的养殖过程中，也应采取必要的网格饲养方式，对南美白对虾进行网格隔离，即使有个别的白对虾发生了病变，也可以及时发现，并对网格中的白对虾进行清理，避免白对虾的病害发生大面积传播。

三、掌握虾苗的生长情况，及时采取病害防治措施

通过分析虾苗的生长状态，分析虾苗可能遇到的病害，并及时采取对应措施对虾苗进行隔离处理，并对患病虾苗进行解剖分析，找出病害原因，对剩下的虾苗采取必要的病害防治，保证虾苗的病害能够得到有效预防，提高虾苗的病害防治质量。

四、南美白对虾加强"双底"建设，设施防病

1. 选择良好的养殖环境

养殖区应水质清新，无污染，通水、通电、通路、通邮，虾池面积 $2~668~\sim 6~670 m^2$，可注水深 1.2~2m，并配备与养殖面积相适应的蓄水池和消毒池。

2. 加强"双底"设施建设

池塘应具有完善的进排水系统，同时配套改造建设"双底"设施，即底排水设施和底增氧设施。

底排水设施改造建设：首先将池塘底部改成锅底形，在池底中间建造集污区，埋设排水管道到池塘外面，进行排水排污。排污管

径根据池塘大小确定，一般5亩左右的虾池的排污管直径为16cm。

底增氧设施安装：在虾池底部安装充气管网，连接气泵，形成底部增氧系统。充气管可以用PV管或纳米管，直径16mm，以8m间距平行铺设在池塘底部，出气孔为直径0.6mm的小孔，一般每隔0.6m打一孔。气泵功率配备为2.2kW，可供800小孔充气；3kW可供1200小孔充气。在安装有底增氧设施的池塘，同时配有车轮式增氧机，以配合使用。

3. 充分利用底排水底增氧设施，调新、调优、调活水质

养殖中后期，随着投饲量增加和残饵粪便有害物质的积累，水质逐渐恶化，此时应充分利用底排设施，做到隔天排出底部污水，及时添加新水，保持水质清新。一般要求在排放污水前，开动水面车轮式增氧机10min以上，在整个池水旋转起来的同时，进行放水。另外，要充分发挥底部增氧设施的作用，适当延长底增氧设施和水面增氧机的使用时间，增加水体溶氧，稳定水体良好的藻相。

五、南美白对虾几类常见病害控制方法

1. 病毒病

一是适量换水；二是二氧化氯、二溴海因、季胺盐类消毒，0.3~0.5mg/L，连续数次。

2. 细菌性病

溴氯海因消毒剂消毒水体。

3. 真菌性病

一是强氯精、季胺盐，0.3~0.5mg/L消毒水体；二是茶皂素，0.001~0.002mg/L全池泼洒。

4. 寄生虫病

硫酸锌0.1~0.3mg/L全池泼洒。

5. 环境引起病

害用沸石粉处理底质，用光合细菌或融净美微生物制剂改善水质。

6. 营养性疾病

饲料中添加磷酸二氢钙及各种维生素。

第十五章　罗氏沼虾养殖与病害防治

罗氏沼虾亦称淡水长臂大虾、马来西亚大虾、金钱虾等，素有淡水虾王之称，是世界上养殖量最高的三大虾种之一，见下图。

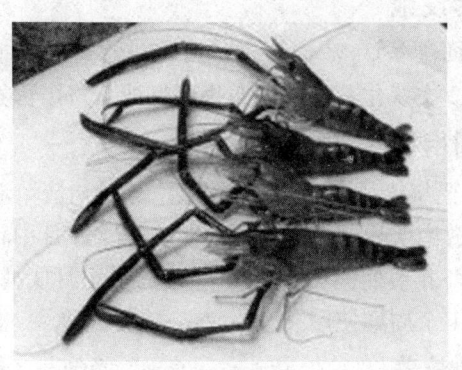

图　罗氏沼虾

第一节　生长习性

罗氏沼虾是一种生长速度快的虾类，体型大，最大重600g，不耐低温，生长适宜水温为20~34℃，因此在我国适宜的养殖时间只有4~5个月。对水体溶氧量要求较高。杂食性，偏动物性食物，人工饲料要求粗蛋白质含量占37%~38%，其中动物蛋白质含量约占20%，植物蛋白质占17%~18%。刚孵出的虾，经两个月可长至3cm，经5个月饲养，平均体重可达30g左右。

营底栖生活，喜栖息水草丛中。一般白天潜伏，晚上觅食。幼体发育阶段生活在咸淡水中,若放入纯淡水中,不久就会死亡。幼体喜集群生活于水的上层,有较强的趋光性,但又避强光和直射光。

第二节　池塘养殖

一、池塘准备

面积 5~30 亩,水深 1.5m 左右,水源无污染,进排水方便。通电和水陆交通便利。一个养殖周期结束后,排干池水,铲除表层淤泥,晒至表面干硬龟裂。放种前 2 周,用药物消毒,放种前 1 周过滤注水。

二、配套设施

每 5 亩水面配备 3kW 增氧机 1 台,进水口设置抽水机泵 1 套,为了罗氏沼虾 2 次淡化,用彩条布拦起虾池 1 角作暂养池。

三、时间衔接

11 月初至翌年 4 月底为青虾饲养期。5 月初清塘消毒,5 月中旬至 6 月上旬投放南美白对虾或罗氏沼虾虾苗,6 月中旬至 10 月中旬为罗氏沼虾成虾养殖期,10 月中旬开始捕捞至月底捕捞完毕,腾塘清整消毒作下 1 个周期使用。

四、苗种放养

罗氏沼虾选购无病毒健康淡化虾苗,规格 1.2cm 以上,亩放 2.5 万~3.5 万尾。同时每亩混养尾重 100g 左右的鲢、鳙鱼种 50~100 尾。

五、饵料投喂

罗氏沼虾饲料的蛋白质含量在 20%~35% 范围内(幼虾期 30%~35%,中虾期及商品虾 20%~25%),日投饵量为虾体重的 3%~7%,每天投喂 2~3 次,以傍晚喂投为主。饵料的颗粒前期 2mm 以下,中后期 3~4mm,后期增喂一些小杂鱼、螺、蚌、蚬肉等动物性鲜料。为增殖池中天然生物饵料,主要以施肥为主,使水色呈黄绿色或茶褐色。

六、水质调节

水质指标:pH 值保持在 7.6~8.3,溶解氧 5mg/L 以上,透明度

25~35cm。适当施肥，采取量少、次多的施肥方法，并定期加注新水，必要时适当换水。生长旺季每天开增氧机2次，每次开机2h左右。

七、日常管理

坚持早、晚巡塘，检查观察虾池水环境变化、虾活动及摄食、是否有虾病发生、虾塘渗漏和有否敌害等情况，发现问题及时采取相应对策。

八、成虾收获

罗氏沼虾在18℃以下活动减少，摄食量也减少，生长缓慢，所以要及时起捕；如不起捕，在14℃以下即可发生死亡。罗氏沼虾使用拉网进行捕捞，少量收获时，可用地笼、抄网等网具捕虾，同时要捕、运、销衔接。青虾在春节后价格攀高时，使用甩笼、抄网、拖网等工具捕虾上市，养殖期间多次轮捕上市。

第三节 稻田养殖

一、稻田的条件和建设

养虾稻田靠近村庄，易看管，水源充足，水质清新无污染，排灌方便。

在稻田中央沿稻田走向挖一条深0.8m宽6m的养虾沟，约占稻田面积的20%。田埂加高至0.7m，建成上口宽1m的外堤坝，进排水口设置筛绢网（50~80目）作拦虾设施。

二、虾苗的强化培育

购买规格为0.8~1cm的虾苗，在放养虾沟里经40天强化培育后才放入大田养殖。

准备工作：虾苗放养前15天，对养虾沟进行消毒，每亩施生石灰78kg。1周后施基肥，每亩施有机肥350kg，无机肥10kg，培植天然饵料。

虾苗放养：5月放苗，每平方米放养150尾，虾苗入池前，连同氧气袋缓水10min。

投饵：投喂罗氏沼虾全价颗粒饲料，每6h投饵1次，沿虾沟四周多点投喂，初期每万尾虾苗日投饵0.5kg。

水质管理：每2天换水1次，换水量为池水的1/5~1/3，池水透明度控制在30~35cm。

三、水稻栽插

水稻品种选用抗倒伏的杂交稻。整田时，先沿养虾沟两侧取土打坝，筑成高25cm宽30cm的隔水岭，使养虾沟与大田暂时隔离，然后稻田用生石灰清田消毒，亩施25kg。3天后施肥，亩施堆肥500kg，无机肥50kg。6月中下旬插秧，插秧方法同一般稻田。6月底，秧苗已返青，虾苗经40天的强化培育个体已达到3~4cm，成活率可达80%以上。此时，去除隔水岭，使养虾沟与大田连通，为虾提供更广阔的活动场所。

四、鱼种投放

亩投放规格为150~250g/尾的白鲢60尾，下田时用3%食盐水浸洗5~10min。

五、饲养管理

投饵：幼虾进入大田后饵料以碎螺蛳肉为主，每天投饵2次，黎明和傍晚各1次，日投饵量为虾体重的10%，并搭配少量颗粒饲料（0.5kg/天），每次投饵量以虾在2~3h吃光为宜。

水位控制和水质管理：虾苗强化培育期水位保持在0.7m，幼虾进入大田初期，稻田水深保持10cm左右。水质清新，肥度适中，养虾沟透明度在30~33cm，水色为淡绿或褐绿色为好。每15天施生石灰1次，每亩用7kg左右，调节水的酸碱度，增加钙质。高温季节（8—9月），每3天换水1次，换水量为稻田水的1/3，暴雨前夕定要进行灌排水，防止缺氧。

高温期间，首先虾池要保持一定的水深，稻田沟最好能达到1.5m以上，水体大，溶氧多，水温与水质也相对稳定；虾池要保持一定的肥度，如果虾池过肥，透明度小于25cm时就要换水，适时排出适量的老水并注入新水，进排水系一定要分开，当然对水质过肥的稻田、池塘，可使用微生物制剂降解过多的有机质和有毒有害物质，养殖中后期最好选用硝化与反硝化菌为主的生物制剂使用，可分解有机质，一般只起絮凝作用的微生物制剂效果不够明显，但池水也不能太瘦，对于水质清瘦的虾池即透明度大于40cm的须适当施肥。高温期间投饵量大，虾的代谢量也大，因此一般虾池都不缺氮、磷，而是缺少微量元素或是池塘菌相、藻相不平衡，物质循环受阻，所以对水质清瘦的虾池建议使用"生物专用肥"，以补充水体的益生菌和微量元素。

巡塘工作：一是观察虾在塘中的活动情况，一旦发现游边或"转池"时，要查找原因，是否水体pH值过高、水体变化太大、溶氧不足、有寄生虫附着、病害发生等；二是观察虾的吃食情况，定期查看食台，根据虾的吃食状况而决定投喂量，一旦发现吃食突然剧变，需分析原因，是否溶氧过低、饲料变质、病害发生等；三是观察虾池的水质变化情况，经常观察水体的颜色变化和检查虾池的透明度等，一旦发现池水不清爽，须分析原因，是否施肥过多、投饵过量、有机质或有毒有害物质过高等。通过巡塘，如发现异常，及早防范，采取相应措施，减少不必要的损失。特别是在高温期间，常常伴有雷阵雨，要加强巡塘，根据情况适时开增氧机给下层水增氧，谨防浮头、泛塘。

第四节 越冬培育

越冬期间，水温以控制在21~22℃为宜。在越冬初期，因虾体刚刚进入温室而机械损伤较重，可以将水温适当提高1~2℃，待虾体摄食量增加且恢复体质后再降为越冬水温。

饲料是亲虾性腺发育的基础，可采用以人工配合饲料为主，再补充以动物性饵料进行投喂，并定期在饲料中添加复合维生素、免疫多糖等强化亲虾营养，增强其免疫力，也避免了亲虾产生厌食情况。

养殖用水的水源要确保未受病原污染，并定期对越冬水体进行消毒，每天对温室内的工具及车间也应进行严格消毒。

第五节 常见病害

罗氏沼虾病害较少，但也要做好预防工作，为预防罗氏沼虾疾病，可采取以下措施：一是虾苗放养时用福尔马林液浸浴 2~3min。二是生长期间每隔 15~20 天使用 1 次溴氯海因全池泼洒消毒。三是养殖期间每 20 天左右使用 1 次光合细菌。四是在饲料中定期添加一定量的大蒜素、复合维生素等药物。

一、纤毛虫病

病虾体表寄生大量纤毛虫（钟形虫、累枝虫、聚缩虫等），体表呈棕黄色绒毛状，影响病虾摄食和蜕壳，严重时可致虾死亡。主要原因是水质过肥，钟形虫、累枝虫、聚缩虫等大量繁殖。

二、褐斑病

病虾体表有斑点状黄褐色的溃疡，溃疡的中部凹陷，在头胸部和腹部发生较多，有时触角、尾扇及其他附肢也有，严重影响虾的生长蜕壳。主要由起捕及运输过程中机械损伤引起。

三、黑鳃病

病虾鳃部颜色由红色转变成黑色，最后因呼吸困难窒息而死亡。此病由水质老化、真菌感染、水中重金属离子含量过高、长期缺乏维生素 C 等原因引起。

四、软壳病

病虾甲壳变软，体瘦，活性弱，生长慢，严重时可致死亡。此病由水中有机质过多、pH 值较低及长期营养不足等引起。

防治方法：加注新水，改善水质；用 15mg/kg 石灰水泼洒，提高水的 pH 值；加喂优质全价饲料。

五、硬壳病

病虾全身甲壳变硬，显粗糙感，虾壳呈黑褐色，无光泽，摄食减少。此病由水中钙离子含量过高、水质老化等引起。

防治方法：用 5mg/kg 茶粕浸洗 10~15min；饲料中添加蜕壳素促进虾的蜕壳。

六、甲壳溃疡病

病原：溶藻弧菌、副溶血弧菌、气单胞菌等多种病菌引起，具传染性。

七、肌肉白浊病

白浊病是新出现的疾病，又称白体病、白尾病等。主要危害虾苗，发生于虾苗淡化后至放养到池塘 3~5 周内。

以上各类疾病参见第二章、第三章防治方法。

第十六章 澳洲淡水龙虾养殖与病害防治

澳洲淡水龙虾,是指澳大利亚及周边地区的淡水螯虾。虽然有100多种,但是常见的主要有马龙螯虾、牙别螯虾、红螯螯虾。

第一节 澳洲淡水龙虾简介

澳洲淡水龙虾因个体较大,且外形有些酷似海中龙虾,又只生活在淡水中,故被称为淡水龙虾。其个体一般重100~200g,在澳洲最大的个体可重达500g,见下图。

图 澳洲淡水龙虾

澳洲淡水龙虾用鳃呼吸,水体溶氧条件对其生长和发育及对其食物转化和水体内有毒物质的转化十分重要。红螯螯虾、牙别螯虾虽然耐低氧,但是当水体溶氧量达到4mg/L以上时会更有利于提高生长速度。马龙螯虾对水体溶氧量要求较高,养殖中最好达到7mg/L以上,以利于其生长。

第二节 虾池建设

澳洲淡水龙虾养殖场地的选择如下。

一是进出水方便，水质良好，水量充足。

二是土质结构好，不渗漏水，无有害物。

三是环境安静，有害动物较少。

四是植被、饵料情况。

场地建设时可以分为两部分。一部分是成虾（商品虾）养殖池的建设，另一部分是繁育池的建设。

第三节 繁育技术

亲虾是人工繁育的基础，应该尽量选择个体健壮、体表光滑、无病害、无伤残及营养状况良好的成虾作为亲虾。从理论上讲，澳洲淡水龙虾在温度、营养、水质条件都适宜的条件下，1年内可以多次产卵，最多可达4次，但这要看其体质能否承受。体质稍差的亲虾，虽然能怀卵，但卵不能很好发育，且发育时间很长，影响到产卵次数。所以，要特别注意亲虾的选择。选择时，红螯螯虾和牙别螯虾亲虾的雌雄比例为（4~5）:1，马龙螯虾为（3~4）:1。如果雄虾比例过大，因其好动，有时对雌虾抱卵有不利影响，而且此比例，雄亲虾已足够了。选择亲虾的最佳时间是在秋季收虾时。此时便于挑选，选好后就放入亲虾池中暂养越冬。

保证亲虾营养，加强日常管理，注意放养密度，做好产卵前强化培育。在普通亲虾暂养池中，红螯螯虾和牙别螯虾亲虾的放养密度不要超过5只/m²，马龙螯虾亲虾数量以1只/m²为宜。管好水质，定期检查亲虾。控制温度，红螯螯虾和牙别螯虾卵的孵化最适温度要保持在25℃左右，马龙螯虾的孵化温度要控制在21℃左右，保持水体高溶氧，此时孵出的虾苗体质强壮，成活率高，养殖中生长发育也快。

第四节 虾苗放养

虾苗放养应选择晴天的清晨或傍晚。在放苗前先用少量池水徐徐加入运苗容器内调节水温，直到容器内水温接近池水温度时，再将虾苗放入池中，以防虾苗"感冒"，影响成活率和生长发育。虾苗的放养规格一般为 3~5cm，放养密度每亩 5 000~6 000 尾，如虾苗较小，可适当增加放养量，同一池塘放养的虾苗规格要求整齐一致。

第五节 投饵

在将要孵出稚虾前的 10~15 天，每亩虾池投放 200kg 左右的腐熟有机肥，培育"轮虫"，确保虾苗放养有充足的适口饵料。放苗后 3 天以池塘中红虫辅以绞碎的小杂鱼和碎肉为主；然后投约 1 个月的小杂鱼、下脚肉及人工配合饲料；待虾苗长至 6~7cm 时，可全部投喂轧碎的螺蛳、河蚌及适量的植物性饲料。日投喂量以吃饱、吃完、不留残饵为准。一般中、小虾按体重的 15%~25% 投喂，成虾按体重 5%~10% 投喂。每天早、晚各投喂 1 次，晚上投全日饲量的 70%~80%，饲料应投在浅水边。

第六节 虾池管理

由于澳洲淡水龙虾生长快，新陈代谢旺盛，耗氧量大，虾池水质要经常保持清新，一般每周加水 15~20cm，水质达到活爽，并有足够的溶氧，池水透明度控制在 35cm 左右。在日常管理中要勤检查、勤巡塘，及时清除池中青苔，经常检查进排水口的过滤网，防止过滤网破损后虾外逃和野杂鱼敌害生物进入，当遇到雷雨闷热天、连阴天的恶劣天气时，要减少或停止投料，当天气过热过冷时，应适当加深池水，以稳定水温，同时，还要经常观测淡水龙虾的摄食和活动生长、脱壳情况。

第七节 病害防治

主要敌害有老鼠、青蛙、水鸟、水蜈蚣、摇蚊幼虫。要及时做好灭鼠，清除池内蛙卵、蝌蚪，在池四周岸上围网30~40cm，以防止青蛙、水蛇侵入。池内发现水蜈蚣，可用海捞捕捉。

病害防治：澳洲淡水龙虾抗病力强，自引进以来还未发现暴发性、流行性疾病，但随着集约化养殖的提高，防治工作要以防为主、苗种下塘之前可进行体表消毒，防止把病原带进池内。目前已见的几种病原体主要是寄生虫、藻类和某些细菌。

当水质发生变化、水中微生物较多时，虾体头胸部，步足外骨骼上会着生许多黄色或褐色的附着生物。经镜检观察，多为纤毛虫类的累枝虫、聚缩虫、钟形虫。这些纤毛虫类栖附于中虾成虾外骨骼上，营共生生活，形成体表粗糙的枝状、疣状物，加重寄主的负担和压力，导致行动迟缓、摄食减少、蜕壳困难，若水中溶氧低，更易导致缺氧而窒息，甚至死亡。对此，可用虾蟹纤虫净进行治疗。每亩用量1m水深为500g。如杀灭不彻底，仍有少量残虫存在，可在第一次用药后7天，按此药量再泼洒1次。预防用量减半，1月1次。一般寄生虫可以用硫酸铜与硫酸亚铁（5∶2）合剂 $0.5 \sim 0.7 mg/kg$ 泼洒或挂袋可把其去除，也可用 $15 \sim 25 mg/kg$ 的福尔马林或饱和盐水浸洗。

肠胃病多是由摄入变质饵料引起，因此饵料要求新鲜，不用霉变饵料。选用豆类植物作饵料时，一定要经过加温处理，以去除掉抗胰蛋白酶，有利对植物蛋白的吸收。目前病害防治可参考其他虾类病害防治资料。但是该强调的是虾的品种不同，对各种药物的敏感度也不一样。在借用其他虾类用药溶度时一定要注意观察，如有不适要及时大量换水，以免造成损失。仔、幼虾耐受恶劣环境能力较差，因此要提高其成活率，最好将水温保持在16~30℃。澳洲淡水龙虾虽然能耐低氧，但长时间在低氧环境中生存，会降低免疫力影响摄食、脱壳和生长。因此在养殖池中还应备有增氧设施。如有发现缺氧，应及时开启增氧机，保证水中充足溶氧。

澳洲淡水龙虾对农药较为敏感，若有利用农田水灌池时，在农田施药期间应严禁田水流入养虾池中。也有人盲目投施敌百虫农药，意欲杀死敌害生物而造成龙虾严重死亡的事故。

第十七章 甲鱼养殖与病害防治

甲鱼是鳖的俗称，也叫团鱼、水鱼、潭鱼、嘉鱼，为卵生两栖爬行动物，是龟鳖目鳖科软壳水生龟的统称，共有 20 多种。中国现存主要有中华鳖、山瑞鳖、斑鳖、鼋，其中以中华鳖最为常见，见下图。

图　甲鱼

第一节　甲鱼生活习性

甲鱼主要生活在湖泊、池塘、水库、流动缓慢的河里。

甲鱼是变温动物，为水陆两栖，用肺呼吸，所以在养鳖池的周围或中心要有足够面积的陆地沙滩以便它进行陆上活动。甲鱼的生活习性可归纳为"三喜三怕"，即喜静怕惊，喜阳怕风，喜洁怕脏。甲鱼对周围环境的声响反应灵敏，只要周围稍有动静，甲鱼即可迅速潜入水底淤泥中，所以养鳖场或养鳖池的环境一定要保持安静。甲鱼如果经常受到惊吓，对其生长繁殖都是很不利的。

鳖为水生杂食动物，喜食动物性饵料。幼鳖以水生昆虫、水蚯蚓、蝌蚪、小虾为食。成鳖摄食田螺类、蛤蜊软体动物、鱼、虾以及动物尸体（因追不到鱼），也食蔬菜、水果、杂粮植物性饵料。

甲鱼白天常趴在向阳的岸边晒太阳（俗称晒背），利用阳光中的紫外线杀死体表的致病菌，促进受伤体表的愈合，并通过晒背提高体温，促进食物消化。甲鱼生性凶猛好斗，群体间恃强凌弱现象很普遍，食物缺乏时会残食同类。生长期间主要以肺呼吸，当水温低于15℃时，甲鱼就潜入池底淤泥开始冬眠，靠喉咙部的鳃状组织辅助呼吸器官进行呼吸。杭嘉湖地区每年11月中旬到翌年的4月中旬前后是甲鱼的冬眠期。

一、甲鱼生长

鳖是一种变温动物，对周围温度的变化非常敏感。当外界温度降至15℃以下时，鳖便开始停食，潜伏在水底泥沙中冬眠（一般为10月至翌年4月），冬眠期长达半年之久。因此，在自然条件下养鳖，生长缓慢，一般1年只长100g左右。为了加快鳖的生长速度，在人工养殖中常采用加温措施，打破鳖的冬眠习性，加快生长速度。

二、甲鱼繁殖

在自然温度条件下，鳖生长4~5龄时才可达到性成熟；水温达到20℃以上时，开始发情交配。1次交配，多次产卵。北方1年产卵2~3次，南方4~5次。5—8月为产卵期，6—7月为产卵高峰期。产卵时间一般在下半夜（0~6时），这与鳖喜欢安静的环境有关。鳖的产卵方式为掘洞产卵，产后用沙土埋上，因此在池周要设沙土质的产卵场。

第二节 甲鱼人工饲养

一、饵料台的安放与清洗

饵料台最好安放在养殖池四周的池边上，并与水面成30°~45°，这有利于甲鱼找到食物和躲避干扰。每次投料前应用刺激性小的消毒液和消过毒的刷子清洗饵料台及其四周，每3天消毒1次。

二、饵料的制作与投放

鲜料的添加量一般为 10%~40%。使用鲜料时，必须经过消毒、清洗处理，并现配现用，以免腐败变质。投料时应采取投喂的形式，饵料离水面 2~3cm 即可。甲鱼胆小，投料时应尽量减少对它的干扰。投料量以 1~1.5h 吃完为标准，剩余饵料应及时收捡，以作它用。高温季节的投料时间应在日出前投完和日落时开始投喂为宜。

三、水质调节

养殖水体应定期换水排污，每次换水量以不超过 1/3 为宜，如有条件采用微流水养殖效果会更好。在养殖过程中，定期使用二氧化氯制剂 0.5~1mg/kg、漂白粉 2~3mg/kg、强氯精 1~2mg/kg、生石灰 15~40mg/kg 全池泼洒消毒，施药 2~3 天后，全池泼洒 5mg/kg 左右的光合菌制剂，能起到调水作用，每月 1~2 次即可。

四、水面种青，搭建晒背台

在池塘中离饵料台 1m 左右处围一个 1.5m 长宽的框，种植水葫芦。水葫芦根系发达，能吸收水中的有害物质而起到调水的作用，还有利于甲鱼隐藏、晒背、乘凉。池塘边坡地较少的养殖池应在池中搭建晒背台。

五、定时巡塘，及时清除病死甲鱼

巡塘是为了及时了解甲鱼摄食、生长活动、病害及池塘水质、设施情况。池中死甲鱼应及时捞出深埋或焚化，病甲鱼也应及时隔离治疗。

第三节　甲鱼养殖场地

一、养鳖池

应建造在阳光充足、环境安静之处，避免受到惊吓，有利于鳖的生长。

二、养鳖池的土质

应为黏土或壤土，有利于保水，如用易渗漏的沙质土地，必须采取有效的防渗措施。

三、水源水质

必须良好、洁净,没有受到工业、农田农药污水的污染。河、湖、水库的水最好,井水要通过晒水池提高水温,如使用已污染的水养鳖,必将前功尽弃。

四、鳖场

应靠近饲料源,如附近有肉类、鱼类加工厂或水生动物资源(螺蚌)丰富的地方,可利用其内脏废弃物及鲜活天然饵料养鳖,降低成本。在设计养鳖池时,应根据养殖对象(亲鳖、稚鳖、幼鳖、成鳖)的不同而分别设计。

1. 亲鳖池

亲鳖池应建造在最僻静的地方。一般面积为1亩左右,水深1.5m上下。在向阳边的池埂上设置产卵场,上铺沙土。在产卵场周围最好有树或高秆作物遮阴。鳖是爬行动物,养鳖池周围都应具有围墙,即防逃墙。建造养鳖池防逃墙的一般要求是高出池埂50~80cm,如同时兼有防盗功能,则要高达2m以上。墙顶端要向水面出檐15~25cm。在围墙与水面之间的池埂,应留出空地,以便鳖的活动和繁殖。

2. 稚鳖池

因稚鳖需保温,最好将稚鳖池修建在室内。一般以水泥池为好,面积25~30m^2,水深0.5m,底铺5~10cm厚的粉沙。也可利用家鱼的孵化环道,底铺粉沙。环道的进水管和出苗孔可用作进、排水管。

3. 幼鳖池

面积为150m^2左右,水深0.8m,底铺粉沙。也可利用家鱼亲鱼产卵池铺沙,池周加修30cm高的防逃墙,进出水口均要加修防逃设施。

4. 成鳖池

面积一般为1~2亩,水深1.5~2m,可使用普通鱼池加修防逃墙即可。较大的成鳖池在池中央需修一小岛，供鳖晒背及活动。

5. 孵化和越冬设备

小规模养鳖一般可用盆作鳖卵的孵化盆，越冬池可用家鱼的孵化环道代替，或将鳖移至塑料桶、盆小容器内，底上铺沙放在室内越冬。较大规模的养鳖场可修建具有调温设备的温室。有温泉的地方可利用温泉养鳖，使水温终年保持在27~30℃，饲养18个月，即可培育出体重1.5kg的商品鳖。

第四节 甲鱼病的治疗

一、甲鱼注射法

注射部位一般在后肢基部，注射前，应先用酒精棉球对注射部位消毒，根据鳖的大小，选用25mL的注射器，5~7号针头，针头与注射部位表面成约10°，注入深度为1~1.5cm。注射的方式有肌内注射和腹腔注射，前者是将药物注入鳖后肢的肌肉内，后者是由后肢与腹甲相接处注入腹腔，针头应不伤及内脏器官。二者效果基本相同。

注入鳖体药液不可太多，一般500g体重的鳖注射量为0.5mL左右，200g以下的鳖为0.1~0.2mL；多次注射时，不应在同一部位注射。

二、甲鱼口灌法

1. 适用范围

这是口服法的一种补充方法，适用于病重已失去摄食能力的个别病鳖。

2. 使用方法

用筷子或木棍塞入病鳖口中，然后将药水用注射器灌入。

三、甲鱼口服法

1. 适用范围

杀灭体内的病原体；借以药物的吸收和分布，对体表病原体的感染也有杀灭作用。可用于预防和病情轻的鳖病治疗。

2. 使用方法

将药物与鳖喜欢吃的配合饲料混合，拌以适量的黏合剂，制成药面、药团或大小适口的颗粒，投喂到鳖食台上；将药物与适量的黏合剂混合，用水调成糊状，然后用鳖喜食的活鲜饲料粘上药物，凉干后投喂。

为了提高疗效，使更多的鳖能吃到药饵，应在投药前停食1天左右。药饵应多投几个点；鱼鳖混养池，因鱼的摄食能力比鳖强，应首先投够鱼所吃的饲料，让鱼吃饱后再投鳖的药饲；或者将饲料投到食台水面上鱼不能吃到的地方；药饲的投喂重要比平时投喂量少10%~20%，以便鳖能全部将药饲吃完。药饲所用饲料，最好选择鳖喜欢吃的饲料。不应长期使用同一种抗生素或磺胺类药物投喂，并严格控制抗生素或磺胺类药物的投喂量，以免产生抗药性。

四、甲鱼涂抹法

1. 适用范围

病情严重的体外感染病鳖，尤其是病灶深入到鳖体深层者。

2. 使用方法

在病鳖病灶部位涂抹较浓的药液或药膏，涂抹前，最好用一定的药液或人工的方法清洗病灶表面的污物。涂抹后，将病鳖置于无水处约半小时，让药液或药膏凉干。最后在外表涂抹适量的凡士林以保护药物不因鳖放入水中后立即被洗掉。

治疗洞穴病和疖疮病时，要将药物涂抹在病灶的深层部位；涂抹药液的浓度要适度，不可过高；防止药液流入病鳖口部，以免产生药害。

五、甲鱼浸浴法

1. 适用范围

体外病原体感染，常用于消毒和病重的鳖的治疗。

2. 使用方法

将较高浓度的药液置于较小的容器中，强迫病鳖在一定的时间里药浴，以便杀灭体表的病原体或促使体表病灶收敛、愈合。

参考文献

高光明. 2014. 小龙虾"虾稻共生"养殖技术 [J]. 水产前沿 (10): 86-87.

高光明, 杨涛, 袁庆云. 2018. 新编小龙虾健康养殖百问百答 [M]. 北京: 中国农业科学技术出版社.

高光明, 袁建明, 周汝珍. 2016. 稻田生态综合种养理论与实践 [M]. 北京: 中国农业科学技术出版社.

徐兴川, 高光明, 蒋火金. 2004. 黄鳝集约化养殖与病害防治新技术 [M]. 北京: 中国农业出版社.

徐兴川, 高光明, 蒋火金. 2007. 水产养殖病害防治实用技术 [M]. 北京: 中国农业出版社.

袁庆云, 高光明. 2013. 酵素菌肥在鱼、虾、稻生态种养中的应用技术 [J]. 湖北农业科学, 52 (1): 3 271-3 273.

Bocharnikova E. A., Matichenkov V. V. 2012. Influence of plant associations on the silicon cycle in the soil-plant system [J]. Applied Ecology and Environmental Research, 10 (4): 547-560.

Douillet P. A. 2000. Bacterial additives that consistently enhance rotifer growth under synxenic culture conditions 1. Evaluation of commercial products and pure isolates [J]. Aquaculture (182): 249-260.

Douillet P. A. 2000. Bacterial additives that consistently enhance rotifer growth under synxenic culture conditions 2. Use of singleand multiplebacterial probiotics [J]. Aquaculture (182): 241-248.

Douillet P. A., Pickering P. L. 1999. Seawater treatment for larval culture of the fish *Sciaenopsocellatus* Linnaeus (red drum) [J]. Aquaculture (170): 113-126.

Matichenkov V. V., Bocharnikova E. A. 2008. Silicon deficiency and functionality in soils, crops and food. In Proc second Intern. Conf. "Ecobiology of soil and compost", Spain, Tenerife (11): 24-29.

Wei X., Liu Y. Q., Zhan Q., et al. Effect of Si soil amendments on As, Cd, and Pb bioavailability in contaminated paddy soils. Paddy and Water Environment. https://doi.org/10.1007/s10333-017-0629-4.

Włodarczyk T., Balakhnina T., Matichenkov V., et al. 2009. Effect of silicon on barley growth and N_2O emission under flooding [J]. Science of the Total Environment (685): 1-9.

Zhao D. D., Zhang P. B., Bocharnikova E. A.. 2019. Estimated Carbon Sequestration by Rice Roots as Affected by Silicon Fertilizers [J]. Moscow University Soil Science Bulletin, 74 (3): 105-110.

ZinkI. C., Benetti D. D., Douillet P. A., et al. 2011. Improvement of Water Chemistry with *Bacillus* Probiotics Inclusionduring Simulated Transport of Yellowfin Tuna Yolk Sac Larvae [J]. North American Journal of Aquaculture (73): 42-48.

Zink I. C., Douillet P. A., Benetti D. D. 2013. Improvement of rotifer *Brachionus plicatilis* population growth dynamics with inclusionof *Bacillus* spp. Probiotics [J]. Aquaculture Research (44): 200-211.